全国工程硕士专业学位教育指导委员会推荐教材

测量数据处理理论与方法

THE THEORY AND METHOD OF SURVEYING DATA PROCESSING

邱卫宁　陶本藻　姚宜斌　吴云　黄海兰　编著

图书在版编目(CIP)数据

测量数据处理理论与方法/邱卫宁,陶本藻,姚宜斌,吴云,黄海兰编著.—武汉:武汉大学出版社,2008.6
全国工程硕士专业学位教育指导委员会推荐教材
ISBN 978-7-307-06241-2

Ⅰ.测… Ⅱ.①邱… ②陶… ③姚…… ④吴… ⑤黄… Ⅲ.测量—数据处理—研究生—教材 Ⅳ.P207

中国版本图书馆 CIP 数据核字(2008)第 064117 号

责任编辑:王金龙　　责任校对:刘　欣　　版式设计:马　佳

出版发行:武汉大学出版社　　(430072　武昌　珞珈山)
　　　　　(电子邮件: wdp4@whu.edu.cn　网址: www.wdp.com.cn)
印刷:武汉中科兴业印务有限公司
开本:720×1000　1/16　　印张:12.25　字数:213 千字　插页:1
版次:2008 年 6 月第 1 版　　2008 年 6 月第 1 次印刷
ISBN 978-7-307-06241-2/P·136　　定价:26.00 元

版权所有,不得翻印;凡购我社的图书,如有缺页、倒页、脱页等质量问题,请与当地图书销售部门联系调换。

前 言

《测量数据处理理论与方法》是面向测绘工程专业工程硕士的专业课教材。

测量数据处理相关课程,是测绘工程专业的重要理论和应用的系列课程,贯穿于本科生和研究生的整个学习阶段。我们针对学生学习的不同阶段,编写了测量平差系列教材。《误差理论与测量平差基础》[1]是测绘工程专业本科生的专业基础必修课教材;《高等测量平差》[2]是针对测绘工程专业本科生高年级学习的专业必修课教材;《广义测量平差》[3]是研究生学习阶段的通用教材;《测量数据处理理论与方法》的适用对象是测绘工程专业的工程硕士。

在本教材的编写上,我们根据测绘工程专业工程硕士的培养目标,从内容到结构都进行了精心的组织,将近二十年来研究的测量平差较为成熟的实用方法及研究热点编著成这本教材。课程内容着重应用,包括测绘生产中的应用和后续各专业课教学的需要,也考虑到培养研究生所必要的基础知识。课程目标是:使学生不仅具有扎实的理论基础,而且具有开阔的思路和较强的解决实际问题的能力。

本教材的特点是注重系统性,强调实用性,保持前沿性。在编写本教材时,充分考虑了工程硕士生来自于各测绘研究、生产单位,具有一定的实践经验等特点,知识的起点定位于学生已掌握了误差理论和测量平差的基础知识(如教材[1]、[4]、[5]中的基本内容)。从现代平差方法和工程应用角度出发,达到和在校硕士研究生所应掌握的数据处理理论同样的目标。在内容的安排上,有部分内容与我们所编的《高等测量平差》相同,这是因为我们考虑到《高等测量平差》是我院在进行课程改革后设置的课程,在我院本科生近几年的学习计划中实施,取得了很好的效果,但并不是其他院校都开设了这门课,而有些内容正是工程硕士生应掌握的。在编写中,充分考虑到本教材的特点,对每一种原理和方法既有理论证明,也有实际的操作步骤。在算例的选择上,用模拟算例来解释原理,用实际算例来说明原理的应用。力求让读者掌握原理方法,并能够用于实践。为了给工程硕士生进一步的学习和研究提供方便,在书后还列出了本教材中专业术语、关键词的英汉对照和主要参考文献。

本教材取材适中、系统性强、立足先进、顾及前沿、学用结合、易于掌握、表述清楚、范例翔实。

全书共分7章,第1章、第4章、第5章及7.1节由邱卫宁教授编写,第3章、第6章由姚宜斌教授编写,第2章、5.9节及7.2节由吴云讲师编写,第7章中7.3节、7.4节、7.5节由黄海兰讲师编写。全书由陶本藻教授审查,统一修改定稿。

本书是在测绘工程工程硕士指导委员会的组织和指导下编写的,并得到了测绘工程工程硕士指导委员会提供的教材建设专项基金的资助。武汉大学测绘学院的领导对本教材的编写非常重视和关心,使编写工作得以顺利完成,在此我们深表感谢!

感谢武汉大学出版社的大力支持,由于他们的辛勤工作,使本书在较短的时间内得以出版,保证了教学的需要。

我们恳切希望使用本教材的教师和广大读者对本书提出宝贵意见。

编著者

2008年2月

目 录

第1章 测量平差概论 ... 1
1.1 误差理论简述 ... 1
1.2 平差模型综述 ... 4
1.3 线性模型估计方法的分析与进展 ... 7
1.4 本课程的主要内容 ... 9

第2章 秩亏自由网平差 ... 10
2.1 概述 ... 10
2.2 秩亏模型的平差准则 ... 13
2.3 广义逆的计算 ... 15
2.4 秩亏自由网平差 ... 17
2.5 拟稳平差 ... 25
2.6 自由网平差结果的相互转换 ... 30
2.7 用于变形分析的自由网平差 ... 35

第3章 滤波与配置模型的平差 ... 39
3.1 概述 ... 39
3.2 最小二乘滤波与推估 ... 41
3.3 协方差函数及其估计 ... 44
3.4 最小二乘配置 ... 49
3.5 卡尔曼滤波 ... 53
3.6 卡尔曼滤波在测量中的应用 ... 55

第4章 平差系统可靠性分析 ... 58
4.1 概述 ... 58

4.2　残差理论与可靠性矩阵 ………………………………………… 60
　　4.3　评价可靠性指标的统计检验方法 ……………………………… 65
　　4.4　平差系统的可靠性度量指标 …………………………………… 72

第5章　回归模型的平差 ……………………………………………… 79
　　5.1　概述 ………………………………………………………………… 79
　　5.2　线性回归模型 ……………………………………………………… 80
　　5.3　线性回归模型的统计分布和统计性质 ………………………… 86
　　5.4　回归模型正确性检验 …………………………………………… 90
　　5.5　预报值的标准差和区间估计 …………………………………… 99
　　5.6　自回归模型 ……………………………………………………… 101
　　5.7　多项式拟合模型 ………………………………………………… 106
　　5.8　整体最小二乘回归 ……………………………………………… 109
　　5.9　半参数回归 ……………………………………………………… 117

第6章　平差模型的稳健估计 ………………………………………… 123
　　6.1　概述 ……………………………………………………………… 123
　　6.2　稳健估计原理 …………………………………………………… 124
　　6.3　基于选权迭代法的稳健估计方法 ……………………………… 126
　　6.4　几种常用的抗差最小二乘法 …………………………………… 132
　　6.5　相关观测的稳健估计方法 ……………………………………… 139
　　6.6　稳健回归分析 …………………………………………………… 143
　　6.7　稳健估计在 GPS 网平差中的应用 …………………………… 146

第7章　几种特殊问题的估计方法 …………………………………… 151
　　7.1　附加系统参数估计 ……………………………………………… 151
　　7.2　随机模型的验后估计 …………………………………………… 156
　　7.3　岭估计和广义岭估计 …………………………………………… 161
　　7.4　主成分估计 ……………………………………………………… 175
　　7.5　非线性最小二乘估计 …………………………………………… 179

附　录　关键词与常用专业词汇英汉对照 ………………………… 183

参考文献 ……………………………………………………………… 191

第1章 测量平差概论

利用测量仪器获取的数据不可避免地会包含误差,对含有误差的观测数据进行处理,使之成为目标值的最优估计,是测量平差的主要任务之一。长期以来,测绘工作者经过不断的研究与实践,将基于高斯创立的最小二乘理论的经典平差发展成完整的理论体系。随着现代科技信息化、智能化的发展,计算机和通信技术在测绘领域的广泛应用,以"3S"及其集成为代表的现代测量新技术的不断完善,测量数据获取手段的更新和测量数据本身内涵的外延,数据处理的对象已由地球表面发展到空间。空间数据的高精度、高动态、多源性、多维性、多分辨率和误差来源的多样性,使得经典平差方法已不能满足这样的数据处理。因此,测量平差的研究也在不断地发展。本书系统地介绍了近代测量平差发展的较为成熟的实用方法和研究热点。

现代测量平差方法是在经典测量平差即其误差理论基础上发展的,为了使课程内容有较好的衔接,本章对误差理论与测量平差基础知识进行了概述,对以往的知识进行了总结性的回顾。

本书使用的符号,基本上与文献[1]《误差理论与测量平差基础》一致。

1.1 误差理论简述

1.1.1 观测值的数学期望

设有 n 个观测量 $L_1, L_2, \cdots, L_n$,其真值为 $\tilde{L}_1, \tilde{L}_2, \cdots, \tilde{L}_n$。由于观测值含有误差,观测值和真值不相等,其差值为真误差 $\Delta_1, \Delta_2, \cdots, \Delta_n$ 有如下关系式

$$\Delta_i = \tilde{L}_i - L_i \tag{1-1-1}$$

设 Δ 不含系统误差和粗差,仅为偶然误差,从概率和数理统计的角度看,偶然误差的数学期望为零,此时观测值的数学期望就等于其真值。记

$$L_{n,1} = \begin{bmatrix} L_1 \\ L_2 \\ \vdots \\ L_n \end{bmatrix}, \widetilde{L}_{n,1} = \begin{bmatrix} \widetilde{L}_1 \\ \widetilde{L}_2 \\ \vdots \\ \widetilde{L}_n \end{bmatrix}, \Delta_{n,1} = \begin{bmatrix} \Delta_1 \\ \Delta_2 \\ \vdots \\ \Delta_n \end{bmatrix}, E(L) = \begin{bmatrix} E(L_1) \\ E(L_2) \\ \vdots \\ E(L_n) \end{bmatrix}, E(\Delta) = \begin{bmatrix} E(\Delta_1) \\ E(\Delta_2) \\ \vdots \\ E(\Delta_n) \end{bmatrix},$$

则有

$$\Delta = \widetilde{L} - L \tag{1-1-2}$$

取数学期望

$$E(\Delta) = \widetilde{L} - E(L) \tag{1-1-3}$$

若

$$E(\Delta) = 0 \tag{1-1-4}$$

可得

$$E(L) = \widetilde{L} \tag{1-1-5}$$

当 $n=1$ 时,L 称为随机变量;$n>1$ 时,L 称为随机向量或观测向量。

1.1.2 观测值的精度与方差

方差是衡量观测值或观测误差的精度指标,观测值的方差定义为

$$D(L) = E[L - E(L)][L - E(L)]^T \tag{1-1-6}$$

当 L 为一个随机变量时

$$D(L) = \sigma_L^2 = E[L - E(L)]^2 \tag{1-1-7}$$

当 L 为随机向量时

$$D(L) = D_{LL} = \begin{bmatrix} \sigma_{L_1}^2 & \sigma_{L_1 L_2} & \cdots & \sigma_{L_1 L_n} \\ \sigma_{L_2 L_1} & \sigma_{L_2}^2 & \cdots & \sigma_{L_2 L_n} \\ \vdots & & & \vdots \\ \sigma_{L_n L_1} & \sigma_{L_n L_2} & \cdots & \sigma_{L_n}^2 \end{bmatrix} \tag{1-1-8}$$

式中:主对角元素 $\sigma_{L_i}^2$ 为 L_i 的方差,通常简写为 σ_i^2;非主对角元素 $\sigma_{L_i L_j}$ 为 L_i 与 L_j 的协方差,通常简写为 σ_{ij},协方差的定义式为

$$\sigma_{ij} = E[(L - E(L_i))(L_i - E(L_i))] \tag{1-1-9}$$

方差还可表达为相应的协因数与单位权方差的乘积,即

$$D(L) = \sigma_0^2 Q_{LL} \tag{1-1-10}$$

式中:Q_{LL} 称为协因数矩阵。

当 Q_{LL} 非奇异时,$Q_{LL}^{-1} = P_L$,P_L 为 X 的权阵。当 X 为一个随机变量时,则权的定义为

$$P_x = \frac{\sigma_0^2}{\sigma_x^2} \qquad (1\text{-}1\text{-}11)$$

上式表明,权与方差成反比。比例常数 σ_0^2 称为单位权方差。权是一个相对精度指标。

误差估计总是与平差参数估计同时进行,而且依附于平差参数估计之中,因为误差也是平差系统中所要估计的参数。

1.1.3 观测值的精确度与均方误差

精确度是指观测结果与其真值的接近程度,精确度的衡量指标为均方误差,观测值 L 的均方误差的定义为

$$\text{MSE}(L) = E(L - \tilde{L})^2 \qquad (1\text{-}1\text{-}12)$$

当观测值仅含偶然误差时,$E(L) = \tilde{L}$,均方误差即为方差。

上式可改写为

$$\begin{aligned} \text{MSE}(L) &= E[(L - E(L)) + (E(L) - \tilde{L})]^2 \\ &= E(L - E(L))^2 + E(E(L) - \tilde{L})^2 \\ &\quad + 2E[(L - E(L))(E(L) - \tilde{L})] \end{aligned} \qquad (1\text{-}1\text{-}13)$$

式中:

$$E[(L - E(L))(E(L) - \tilde{L})] = (E(L) - E(L))(E(L) - \tilde{L}) = 0$$

因此

$$\text{MSE}(L) = \sigma_L^2 + (E(L) - \tilde{L})^2 \qquad (1\text{-}1\text{-}14)$$

即观测值 L 的均方误差等于 L 的方差加上一个偏差的平方。

当观测值仅含偶然误差时,$E(L) = \tilde{L}$,均方误差即为方差。

当 $\underset{n,1}{L}$ 为随机向量时,有均方误差

$$\begin{aligned} \text{MSE}(L) &= E[(L - \tilde{L})^{\text{T}}(L - \tilde{L})] \\ &= E[(L - E(L)) + (E(L) - \tilde{L})^{\text{T}}(L - E(L)) + E(L) - \tilde{L})] \\ &= E[(L - E(L))^{\text{T}}(L - E(L))] + \| E(L) - \tilde{L} \|^2 \\ &= \text{tr}(D_{LL}) + \sum_{i=1}^{n} (E(L_i) - \tilde{L}_i) \end{aligned}$$

$$(1\text{-}1\text{-}15)$$

1.1.4 协方差传播律

观测值 $\underset{n,1}{L}$ 的方差为(1-1-6)式,设有 L 的 m 个线性函数 $\underset{m,1}{X}$ 和 t 个线性函

数 $Y_{t,1}$

$$X_{m,1} = K_{m,n} L_{n,1} + K_0$$
$$Y_{t,1} = F_{t,n} L_{n,1} + F_0 \quad (1\text{-}1\text{-}16)$$

式中：K、F 和 K_0、F_0 分别是已知的系数和常数。

则函数 X 和 Y 的方差分别为

$$D_{XX}_{m,m} = K D_{LL} K^T$$
$$D_{YY}_{t,t} = F D_{LL} F^T \quad (1\text{-}1\text{-}17)$$

X 对于 Y 的协方差阵为

$$D_{XY}_{m,t} = K D_{LL} F^T \quad (1\text{-}1\text{-}18)$$

1.1.5 协因数传播律

方差还可表达为相应的协因数与单位权方差的乘积，即

$$D_{LL} = \sigma_0^2 Q_{LL} \quad (1\text{-}1\text{-}19)$$

式中：$Q_{LL}_{n,1}$ 为观测值 L 的协因数。

将上式代入式(1-1-17)、式(1-1-18)，可得 L 的函数 X、Y 的协因数和互协因数阵

$$\left. \begin{aligned} Q_{XX}_{m,m} &= K Q_{LL} K^T \\ Q_{YY}_{t,t} &= F Q_{LL} F^T \\ Q_{XY}_{m,t} &= K Q_{LL} F^T \end{aligned} \right\} \quad (1\text{-}1\text{-}20)$$

式(1-1-17)、式(1-1-18)和式(1-1-20)统称为广义传播律。

1.2 平差模型综述

1.2.1 附有限制条件的间接平差

1. 平差模型

设有 n 个观测值 $L_{n,1}$，必要观测数为 t，设有 u 个参数 $X_{u,1}$，其平差值为 $\hat{X}_{u,1}$，$u > t$，非独立参数的个数为 $S = u - t$。则可列函数模型

$$\left. \begin{aligned} L &= F(\hat{X}) \\ \Phi(\hat{X}) &= 0 \end{aligned} \right\} \quad (1\text{-}2\text{-}1)$$

随机模型

$$D_{n,n} = \sigma_0^2 Q = \sigma_0^2 P^{-1}$$

相应的误差方程和限制条件为

$$\left.\begin{array}{l} V = B \hat{x} - l \\ {}_{n,1} \quad {}_{n,u}{}_{u,1} \quad {}_{n,1} \\ C \hat{x} + w_x = 0 \\ {}_{s,u}{}_{u,1} \quad {}_{s,1} \end{array}\right\} \quad (1\text{-}2\text{-}2)$$

式中：

$$l = L - F(X^0)$$
$$w_x = \Phi(X^0)$$

根据最小二乘原理，可得式(1-2-16)的法方程

$$\left.\begin{array}{l} N_{BB} \hat{X} + C^T K_s - B^T Pl = 0 \\ C \hat{X} + W_x = 0 \end{array}\right\} \quad (1\text{-}2\text{-}3)$$

及解

$$\left.\begin{array}{l} \hat{x} = (N_{BB}^{-1} - N_{BB}^{-1} C^T N_{CC}^{-1} C N_{BB}^{-1}) B^T Pl - N_{BB}^{-1} C^T N_{CC}^{-1} W_x \\ V = B \hat{x} - l \\ \hat{X} = X^0 + \hat{x} \\ \hat{L} = L + V \end{array}\right\} \quad (1\text{-}2\text{-}4)$$

式中：

$$N_{BB} = B^T P B, \quad N_{CC} = C N_{BB}^{-1} C^T$$

2. 精度评定

单位权方差估计值为

$$\hat{\sigma}_0^2 = \frac{V^T PV}{r} = \frac{V^T PV}{n - (u - s)} \quad (1\text{-}2\text{-}5)$$

协因数阵的计算公式列于表 1-1，其推证见文献[1]、[4]、[5]。

表 1-1　　　　　附有限制条件的间接平差的协因数阵

	L	$\hat{X}$	V	$\hat{L}$
L	Q	$BQ_{\hat{x}\hat{x}}$	$-Q_{vv}$	$Q - Q_{vv}$
$\hat{X}$	$Q_{\hat{x}\hat{x}} B^T$	$N_{BB}^{-1} - N_{BB}^{-1} C^T N_{CC}^{-1} C N_{BB}^{-1}$	0	$Q_{\hat{x}\hat{x}} B^T$
V	$-Q_{vv}$	0	$Q - BQ_{\hat{x}\hat{x}} B^T$	0
$\hat{L}$	$Q - Q_{vv}$	$BQ_{\hat{x}\hat{x}}$	0	$Q - Q_{vv}$

1.2.2 间接平差法

1. 平差模型

在附有限制条件的间接平差模型中,如果所设的参数 u 正好等于必要观测数 t,即 $u=t$,此时非独立参数的个数为 $s=u-t=0$,参数之间不存在限制条件。则函数模型为

$$L = F(\hat{X}) \qquad (1\text{-}2\text{-}6)$$

随机模型

$$\underset{n,n}{D} = \sigma_0^2 Q = \sigma_0^2 P^{-1}$$

相应的误差方程为

$$\underset{n,1}{V} = \underset{n,u}{B}\,\underset{u,1}{\hat{x}} - \underset{n,1}{l} \qquad (1\text{-}2\text{-}7)$$

式中:

$$l = L - F(X^0)$$

法方程及解为

$$\left. \begin{array}{l} N_{BB}\hat{x} - B^{\mathrm{T}}Pl = 0 \\ \hat{x} = N_{BB}^{-1}B^{\mathrm{T}}Pl \\ V = B\hat{x} - l \\ \hat{X} = X^0 + \hat{x} \\ \hat{L} = L + V \end{array} \right\} \qquad (1\text{-}2\text{-}8)$$

2. 精度评定

单位权方差估值为

$$\hat{\sigma}_0^2 = \frac{V^{\mathrm{T}}PV}{r} = \frac{V^{\mathrm{T}}PV}{n-t} \qquad (1\text{-}2\text{-}9)$$

协因数阵的计算公式列于表 1-2。

表 1-2　　间接平差中的协因数阵

	L	$\hat{X}$	V	$\hat{L}$
L	Q	BN_{BB}^{-1}	$BN_{BB}^{-1}B^{\mathrm{T}}-Q$	$BN_{BB}^{-1}B^{\mathrm{T}}$
$\hat{X}$	$N_{BB}^{-1}B^{\mathrm{T}}$	N_{BB}^{-1}	0	$N_{BB}^{-1}B^{\mathrm{T}}$
V	$BN_{BB}^{-1}B^{\mathrm{T}}-Q$	0	$Q-BN_{BB}^{-1}B^{\mathrm{T}}$	0
$\hat{L}$	$BN_{BB}^{-1}B^{\mathrm{T}}$	BN_{BB}^{-1}	0	$BN_{BB}^{-1}B^{\mathrm{T}}$

1.3 线性模型估计方法的分析与进展

在测量数据平差处理中,线性模型的参数估计仍占主导地位。自高斯提出线性模型的最小二乘估计以来,随着测绘学科应用上的需求,至今已发展成为一套较完整的线性模型类型和参数估计优化方法。

如何应用和组合已有的线性模型,构建合适的函数模型和随机模型,消除和降低模型误差的影响,是当前国内外数据处理领域主要研究和要解决的实际课题。早在20世纪中后期,国际大地测量协会数学物理大地测量研究专题组就将线性模型在"3S"及其集成的应用研究和发展非线性模型的应用研究作为当时的重点研究课题之一。可见,测量线性模型估计方法,特别是其在现代测量数据处理中应用研究尚需深入和发展。

设平差的函数模型和随机模型的线性形式为

$$\underset{n,1}{L} = \underset{n,t}{A} \underset{t,1}{X} \tag{1-3-1}$$

$$\underset{n,n}{D} = \sigma_0^2 Q = \sigma_0^2 P^{-1} \tag{1-3-2}$$

式(1-3-1)、式(1-3-2)称为高斯-马尔可夫模型。构成线性模型的要素是带有偶然误差 Δ 的观测向量 L,函数模型的系数阵 B 和参数 X,L 确定后,其方差阵是给定的。

所谓经典平差模型是指:第一,L 中的观测值之间可以是独立或相关的,但必须是函数独立的,即 L_i 之间不存在函数关系。在这种情况下,L 的方差阵 D 为非奇异阵,故有 $Q=P^{-1}$,P 为 L 的权阵,随机模型为式(1-3-2);第二,参数 X 的选定必须使函数模型的系数阵 B 为列满秩阵,即 B 的秩 $\underset{n,t}{R(B)}=t<n$,这就是网中具有必要起始数据时的情形;第三,所选参数 X 的统计性质,即其数学期望和方差是未知的,X 称为非随机参数。满足平差模型式(1-3-1)、式(1-3-2)的上述这三个性质,就是通常所说的经典平差模型。1.2节中论述的就是这种模型的解法。

由于测量控制网优化设计、监测网变形分析、近景摄影测量等应用方面的需要,经常会在控制网中不设定必要的起算数据。在这种情况下,系数阵 B 为列不满秩阵,即 B 的秩 $\underset{n,t}{R(B)}<t$,上述第二个条件将不能满足,这种平差模型的特点是:第一,随机模型为式(1-3-2);第二,系数阵 B 列亏;第三,X 为非随机参数。满足此条件的称为秩亏平差模型,相应的平差方法称为秩亏自由网平差。这是20世纪六七十年代发展起来的一种现代平差方法。

由于重力场参数的推估,测量控制网的扩展,不同类观测网的联合,整体平差、坐标转换等应用上的需要,平差参数 X 的一部分或全部在平差前具有先验统计信息,即这些参数的先验期望和方差是已知的。这样就产生了新的平差问题。此时其模型特点是:第一,观测的随机模型仍为式(1-3-2);第二,系数阵 B 仍为列满秩阵;第三,X 不仅是非随机参数,也可是随机参数,即在模型中对随机参数相应的随机模型要增加。

$$D_X = \sigma_0^2 Q_{XX} = \sigma_0^2 P_X^{-1} \tag{1-3-3}$$

这种模型称为配置模型(或拟合推估模型),相应的平差方法称为最小二乘拟合推估。这也是 20 世纪六七十年代发展起来的一种现代平差方法。

在线性模型中,如果 L 的确定不论函数是否独立,系数阵 B 是否列满或列亏,但 X 总为非随机参数,这种模型称为线性平差的综合模型。Rao 早在 1971 年[6]就针对综合模型给出了最小二乘估计准则和解法,并取名为最小二乘统一理论。1990 年,陶本藻、刘大杰用奇异正态分布的最大似然估计方法[7],也给出了综合模型的最小二乘解。

如果平差模型中参数 X 不局限于非随机量,这样,平差模型中三个基本要素 L、B、X 的确定就完全不受限制,则成为完整的综合模型。在综合模型平差中,将随机参数化为非随机参数的等价模型问题,已由崔希璋、陶本藻、刘大杰等在广义最小二乘原理[3]中得到了解决。至此,基于偶然误差($E(\Delta)=0$)观测向量的线性模型平差理论已趋完善。

误差理论的主要进展是从单纯研究偶然误差扩展到研究系统误差和粗差。与偶然误差类似,其研究内容包括误差分布、传播律、检验及其估计方法。误差分布不仅要进一步研究正态分布、均匀分布等单一分布理论,还要研究各分布间的合成分布。系统误差的传播仍基于前述的误差传播律,并根据系统误差的性质予以扩充。误差检验的目的是要在平差问题中排出系统误差和粗差的影响,以保证测量成果的精度。误差估计总是与参数估计同时进行,而且依附于参数估计中。

为消除系统误差而提出的平差方法主要是附有系统参数的平差法和半参数估计法等。针对粗差的平差方法是稳健估计法,也称抗差估计。这些都属于现代平差方法范畴。

线性模型的参数估计理论和方法虽已成熟,但结合复杂的测量数据处理还需进一步地深入研究和完善。线性模型参数估计的应用研究有待进一步发展。对于线性模型参数估计精度的研究,其中一个重要的方向是如何消除或削弱模型误差的影响,虽然已经给出了各种情况下的有关模型,但用于实际工程还存在很多问题。例如,模型误差的识别消除,最优模型的选取等;在线性模型中还有一些实际的问题需要解决,例如,病态模型、反演模型、融合模型等,都应加强研究;"3S"及其集成中的质量控制,其中涉及的有关线性模型的平差问题。

1.4 本课程的主要内容

《测量数据处理理论与方法》着重介绍在测量数据处理领域中较为成熟的研究成果、实用平差方法及热点问题,课程内容的选取,主要考虑培养测绘工程工程硕士这一层次所必须掌握的平差理论知识的要求,具体内容为:

(1)偶然误差理论及经典平差方法——对误差理论和经典平差方法进行了概括,回顾学习现代测量平差方法所必须掌握的基础知识。

(2)秩亏自由网平差理论与方法——介绍广义逆矩阵解法以及测量中常用的秩亏自由网平差的各种方法。

(3)滤波配置模型的平差——介绍滤波模型及最小二乘配置平差方法。

(4)平差系统可靠性分析——介绍假设检验原理和方法,评价平差系统可靠性的度量指标。

(5)现代回归模型的平差——介绍回归分析在测量数据处理中的应用,常用模型的回归分析方法及整体最小二乘回归、半参数回归等模型的现代平差方法。

(6)稳健估计理论和方法——介绍稳健估计原理、选权迭代法以及针对处理粗差的几种常用抗差最小二乘法。

(7)有偏估计的平差原理——主要介绍有偏估计估计原理、算法和估计量的统计性质。

(8)几种特殊问题的估计方法——内容包括附加系统参数估计、权的验后估计、有偏估计、非线性估计等。

第 2 章 秩亏自由网平差

2.1 概 述

在控制网按间接平差中，通常有足够的起始数据，待定参数是点的坐标，它们是非随机参数，平差的数学模型是

$$\underset{n,1}{L} = \underset{n,t}{B}\underset{t,1}{X} + \underset{n,1}{\Delta} \text{ 或 } E(L) = BX \tag{2-1-1}$$

$$D(\Delta) = \sigma_0^2 Q = \sigma_0^2 P^{-1} \tag{2-1-2}$$

模型(2-1-1)及模型(2-1-2)就是高斯-马尔可夫模型。由于平差有足够的起始数据，B 必为列满秩阵，即 B 的秩 $R(B)=t$，t 为待定坐标参数的个数。随机模型中的权阵 P 是满秩阵，即 $R(P)=n$，表示观测值之间不存在函数相关，所以这是一个满秩平差问题。用上述函数模型中平差的条件是控制网中必须设定足够的坐标起始数据，如果设定的坐标起始数据正好等于必要的起始数据个数，这种控制网的平差就称为经典自由网平差。

1944 年，R.C. Bose 将满秩的高斯-马尔可夫模型中的 B 矩阵扩充为秩亏阵，提出了系数阵秩亏的高斯-马尔可夫模型：

$$\underset{n,1}{L} = \underset{n,t}{B}\underset{t,1}{X} + \underset{n,1}{\Delta} \text{ 或 } E(L) = BX$$

$$D(L) = \sigma_0^2 Q = \sigma_0^2 P^{-1}$$

$$R(B) < t, \det(P) \neq 0 \tag{2-1-3}$$

对于系数阵秩亏的高斯-马尔可夫模型，实质上是数学上如何解算系数阵秩亏方程的问题，而对于测绘工作者来说，重要的不仅是如何解算方程，而是要弄清这个模型的含义，即造成秩亏的原因，在此基础上采取合适的解算方法，并对获得的估计作出解释。

在测量控制网中，误差方程系数秩亏通常由两种原因引起，一种是控制网中必要观测不足引起的秩亏，称为形亏。这种原因引起的秩亏可以通过增加必要观测来解决。另一种是控制网没有足够的起算数据，即基准不足或网中

没有定义基准,因此按经典自由网平差不能获得未知点坐标参数的估计,这种没有或不足起算数据引起的秩亏称为数亏。本章将介绍由数亏,即基准不足引起的秩亏网平差。

在经典自由网平差中,控制网具备足够的起算数据,从而根据观测数据可以得到待定参数的最佳估值。这种起算数据称之为平差问题的"基准",一个控制网的基准是确定平差后待定点坐标不可缺少的因素。一个没有"基准"的测量控制网,在按间接平差时,选取与起算数据有关的参数进行平差,其误差方程和法方程的系数阵都是秩亏阵,这种基准不足的控制网称为秩亏自由网。

所谓控制网具有足够的必要起算数据,是指这些数据是确定平差后待定点坐标不可缺少的,例如,水准网的待估参数一般是水准点的高程,而被观测量是水准点之间的高差,只根据观测高差是不可能求得各水准点高程的,所以它的必要起算数据是已知一个点的高程,其必要起算数据的个数是 1,即基准数 $d=1$。如果还考虑水准尺的尺度比,将尺度比也作为待估参数,则根据观测高差也不可能确定尺度比。因此,在水准网中,为了求得各点的高程,需要一个高程基准,而为了求得尺度比,还需要一个尺度基准,即基准数 $d=2$。

在三角网中,一般是以三角点的坐标作为待估参数,被观测量是方向或角度。只根据观测的方向或角度不可能确定各三角点的坐标。也就是说,不能确定网的位置、方位和大小。因此,需要有一个点的位置(纵坐标、横坐标)、一个方位和一个尺度基准,因此,基准数 $d=4$。

测边网、边角网或导线网的被观测量是边长和方向(或角度),待估参数一般也是各点的坐标。为确定各点的坐标,需要有一个点的位置和一个方位基准,即基准数 $d=3$。如果再将尺度比作为待定参数,则也需要一个尺度基准数 $d=4$。

若控制网中没有基准,可将网中全部点的坐标作为平差参数,列出误差方程,此时坐标参数个数 t 比经典自由网平差相应的参数多了 d 个,即 $d=t-R(B)$,d 就是间接平差中必要的起算数据的个数。在这种情况下,误差方程中的 B 产生列亏,秩亏数为 d,从而造成法方程秩亏。

例 2.1 图 2-1 为一简单水准网,设各观测值等精度,选定 X_3 的高程为已知,则可列出误差方程如下:

$$V_{3,1} = B_{3,2} \hat{x}_{2,1} - l_{3,1} \quad (2\text{-}1\text{-}4)$$

$$\begin{bmatrix} v_1 \\ v_2 \\ v_3 \end{bmatrix} = \begin{bmatrix} 1 & 0 \\ -1 & 1 \\ 0 & -1 \end{bmatrix} \begin{bmatrix} \hat{x}_1 \\ \hat{x}_2 \end{bmatrix} - \begin{bmatrix} l_1 \\ l_2 \\ l_3 \end{bmatrix} \quad (2\text{-}1\text{-}5)$$

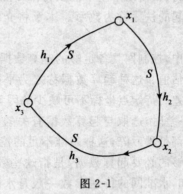

图 2-1

在 B 中二阶行列式 $\begin{vmatrix} 1 & 0 \\ -1 & 1 \end{vmatrix} = 1 \neq 0$，$B$ 的秩 $R(B)=2$，B 为列满秩。法方程系数阵 $N=B^T B$ 的行列式 $|N| \begin{vmatrix} 2 & -1 \\ -1 & 2 \end{vmatrix} = 3 \neq 0$，故 $R(N)=2$，非奇异，法方程有唯一解：

$$\hat{x} = (\hat{x}_1 \quad \hat{x}_2)^T = N^{-1} B^T l$$

如果网中没有起始数据，即网中水准点的高程 X_1、X_2、X_3 均为待定参数，此时误差方程为

$$\begin{pmatrix} v_1 \\ v_2 \\ v_3 \end{pmatrix} = \begin{pmatrix} 1 & 0 & -1 \\ -1 & 1 & 0 \\ 0 & -1 & 1 \end{pmatrix} \begin{pmatrix} \hat{x}_1 \\ \hat{x}_2 \\ \hat{x}_3 \end{pmatrix} - \begin{pmatrix} l_1 \\ l_2 \\ l_3 \end{pmatrix} \quad (2\text{-}1\text{-}6)$$

系数阵的行列式

$$|B| = \begin{vmatrix} 1 & 0 & -1 \\ -1 & 1 & 0 \\ 0 & -1 & 1 \end{vmatrix} = 0, \quad \begin{vmatrix} 1 & 0 \\ -1 & 1 \end{vmatrix} = 1 \neq 0$$

所以其秩 $R(B) \neq 3$，因为其中有一个二阶子行列式不等于零，故 $R(B)=2$，B 为列不满秩阵，或列亏阵。相应的法方程系数阵的行列式为

$$|N| = |B^T B| = \begin{vmatrix} 2 & -1 & -1 \\ -1 & 2 & -1 \\ -1 & -1 & 2 \end{vmatrix} = 0; \quad \begin{vmatrix} 2 & -1 \\ -1 & 2 \end{vmatrix} = 3 \neq 0$$

N 也为奇异阵，即 $R(N) = R(B^T B) = R(B) = 2$。在这个水准网中，秩亏数

$d=t-R(B)=3-2=1$，在这种情况下，N 的凯利逆 N^{-1} 不存在，相应的法方程

$$\underset{3,3}{N}\underset{3,1}{\hat{x}}=\underset{3,2}{B}\underset{3,1}{l}$$

不可能存在唯一解。法方程秩亏是由于网中没有必要的起算数据引起的。

当 X_3 高程已知时，此平差问题也可建立如下模型：在设定各点高程的近似值时，取 X_3 的已知高程为近似值，也将其视为待定参数参与平差，但其改正数必须为零，这就成为附有参数的条件平差了。其误差方程和约束条件为：

$$\begin{pmatrix} v_1 \\ v_2 \\ v_3 \end{pmatrix} = \begin{pmatrix} 1 & 0 & -1 \\ -1 & 1 & 0 \\ 0 & -1 & 1 \end{pmatrix} \begin{pmatrix} \hat{x}_1 \\ \hat{x}_2 \\ \hat{x}_3 \end{pmatrix} - \begin{pmatrix} l_1 \\ l_2 \\ l_3 \end{pmatrix} \quad (2\text{-}1\text{-}7)$$

$$\hat{x}_3 = 0 \quad (2\text{-}1\text{-}8)$$

其一般模型为

$$\underset{n,1}{V}=\underset{n,u}{B}\underset{u,1}{\hat{x}}-\underset{n,1}{l} \quad (2\text{-}1\text{-}9)$$

$$\underset{s,u}{C}\underset{u,1}{\hat{x}}+\underset{s,1}{W_x}=0 \quad (2\text{-}1\text{-}10)$$

将条件 $\hat{x}_3=0$ 代入误差方程(2-1-7)后就是上述式(2-1-4)经典间接平差问题了。也就是说，经典水准自由网平差的基准是由条件(2-1-8)确定的。其他控制网的情况与水准网是一样的，如在三角网中，若取全网所有点的纵横坐标作为待定参数，则可列出误差方程(2-1-9)。若假定网中有两个点是固定的，列出这些固定数据构成的条件方程(2-1-10)，将条件方程代入误差方程(2-1-9)中，形如附有条件的间接平差就成为如式(2-1-4)那样的间接平差，即经典自由网平差。

2.2 秩亏模型的平差准则

秩亏自由网平差的函数模型为

$$\underset{n,1}{L}=\underset{n,t}{B}\underset{t,1}{X}+\underset{n,1}{\Delta} \quad R(B)=r<t \quad (2\text{-}2\text{-}1)$$

B 的列亏数 $d=t-r$，随机模型为

$$D=\sigma_0^2 Q=\sigma_0^2 P^{-1} \quad (2\text{-}2\text{-}2)$$

2.2.1 秩亏模型参数的最小二乘解

模型(2-2-1)的误差方程是

$$V=B\hat{x}-l \quad (2\text{-}2\text{-}3)$$

按 $V^T PV = \min$ 得法方程为

$$N\hat{x} = B^T Pl \tag{2-2-4}$$

式中：$R(N) = R(B) = t$，$N = B^T PB$ 为奇异阵，其凯利逆不存在，但是相容线性方程组(2-2-4)系数阵存在 N^- 型或 N^+ 型广义逆，按解线性方程组原理，式(2-2-4)的一个特解为：

$$\hat{x} = N^- B^T Pl \tag{2-2-5}$$

齐次方程组 $N\hat{X} = 0$ 的一般解为

$$\hat{x} = (I - N^- N)M \tag{2-2-6}$$

式中：I 是单位阵；M 是任意向量。方程组(2-2-4)的一般解为它的任一特解与它对应的齐次方程组一般解之和，因而式(2-2-4)的一般解为：

$$\hat{x} = N^- B^T Pl + (I - N^- N)M \tag{2-2-7}$$

式中：$N^- N \neq I$，所以满足法方程的解有任意多个，得不到唯一解。

由此可知，在秩亏自由网平差中，由于没有必要的起算数据，缺少外部配置，只遵循最小二乘原则求未知数的解，将不可能取得唯一确定的估计量，所以需要在遵循平差最小二乘原则的基础上附加一定的基准条件，这个条件的确定应该保证所求得的未知参数的估计量是最优的而且是唯一存在的。

2.2.2 秩亏自由网平差的基准条件

如果给解向量附加基准权 P_X，使 $\hat{X}^T P_X \hat{X} = \min$，则平差模型为：

$$\left.\begin{array}{l} V = B\hat{x} - l \\ V^T PV = \min \\ \hat{x}^T P_X \hat{x} = \min \end{array}\right\} \tag{2-2-8}$$

附加的 $\hat{X}^T P_X \hat{X} = \min$ 就是秩亏自由网的基准条件。在经典自由网平差情况下，$\hat{X}^T P_X \hat{X} = \min$ 与形如式(2-1-10)的条件是等价的。

如果基准权取为单位阵，即 $P_X = I$，则平差模型为

$$\left.\begin{array}{l} V = B\hat{x} - l \\ V^T PV = \min \\ \hat{x}^T \hat{x} = \min \end{array}\right\} \tag{2-2-9}$$

$\hat{X}^T \hat{X} = \min$ 是最小范数准则。以模型(2-2-9)出发的自由网平差，称为秩亏自由网平差，所得的解为最小二乘最小范数解。如果基准权取如下形式

$$P_X = \begin{bmatrix} P_{X_1} & 0 \\ 0 & P_{X_2} \end{bmatrix} = \begin{bmatrix} 0 & 0 \\ 0 & I_2 \end{bmatrix} \tag{2-2-10}$$

则平差模型为

$$\left.\begin{aligned}&V = B\hat{x} - l \\ &V^{\mathrm{T}}PV = \min \\ &\hat{x}^{\mathrm{T}}P_X\hat{x} = \begin{bmatrix}\hat{x}_1^{\mathrm{T}} & \hat{x}_2^{\mathrm{T}}\end{bmatrix}\begin{bmatrix}0 & 0 \\ 0 & P_{X_2}\end{bmatrix}\begin{bmatrix}\hat{x}_1 \\ \hat{x}_2\end{bmatrix} = \hat{x}_2^{\mathrm{T}}\hat{x}_2 = \min\end{aligned}\right\} \quad (2\text{-}2\text{-}11)$$

这是以部分参数 X_2 的最小范数准则,以模型(2-2-11)出发的自由网平差称为拟稳自由网平差。

2.3 广义逆的计算

在阐述秩亏自由网平差原理及其解法时,需要广义逆知识,本节仅给出广义逆的计算公式,详细讨论可参见文献[8]、[9]。凯利逆适用于满秩方阵,其逆唯一。广义逆是对任何矩阵(不要求是方阵)定义的一种逆矩阵。

2.3.1 广义逆矩阵 A^-

1. 定义

设 A 为 $n \times m$ 矩阵,秩 $R(A) = r < \min(m, n)$,满足如下方程

$$AGA = A \qquad (2\text{-}3\text{-}1)$$

的 G 定义为 A 的广义逆,G 为 $m \times n$ 矩阵,并记为 A^-,不唯一,称为 A^- 型广义逆。

仅当 A 为 $m = n$ 阶非奇异方阵,$A^- = A^{-1}$,唯一。

2. A^- 型广义逆的性质

(1) $(A^{\mathrm{T}})^- = (A^-)^{\mathrm{T}}$ $((A^-)^{\mathrm{T}} \subset (A^{\mathrm{T}})^-)$;

(2) $(kA)^- = \frac{1}{k}A^-$ $(k \neq 0)$;

$\quad (kA)^- = O$ $(k = 0)$;

(3) $A(A^{\mathrm{T}}A)^- A^{\mathrm{T}}A = A$ $(A^{\mathrm{T}}A(A^{\mathrm{T}}A)^- A^{\mathrm{T}} = A^{\mathrm{T}})$;

(4) $(A^- A)^2 = A^- A$ $(A^- A$ 幂等$)$;

(5) 若矩阵 P 正定,则 $A(A^{\mathrm{T}}PA)^- A^{\mathrm{T}}PA = A$;

(6) G 为 $A^{\mathrm{T}}A$ 的广义逆,则 G^{T} 也是 $A^{\mathrm{T}}A$ 的广义逆,$A^{\mathrm{T}}AGA^{\mathrm{T}}A = A^{\mathrm{T}}A$,$A^{\mathrm{T}}AG^{\mathrm{T}}A^{\mathrm{T}}A = A^{\mathrm{T}}A$。

3. 广义逆 A^- 的计算

A^- 的计算有许多种方法,这里仅介绍一种常用的简便方法。

当 A 的秩 $R(A) = r < \min(n,m)$ 时,可得矩阵. $\underset{n,m}{A}$ 分块写成

$$\underset{n,m}{A} = \begin{pmatrix} \underset{r,r}{A_{11}} & \underset{r,m-r}{A_{12}} \\ \underset{n-r,r}{A_{21}} & \underset{n-r,m-r}{A_{22}} \end{pmatrix}$$

其中:$R(A_{11}) = r$,A_{11} 为非奇异方阵。则有

$$\underset{m,n}{A^-} = \begin{pmatrix} A_{11}^{-1} & O \\ O & O \end{pmatrix} \tag{2-3-2}$$

例 2.2 设有矩阵

$$A = \begin{bmatrix} 1 & 0 & 3 \\ 2 & 3 & 0 \\ 1 & 1 & 1 \end{bmatrix}, |A| = 0, \begin{vmatrix} 1 & 0 \\ 2 & 3 \end{vmatrix} \neq 0, \quad R(A) = 2,$$

取

$$A_{11} = \begin{bmatrix} 1 & 0 \\ 2 & 3 \end{bmatrix}, 则$$

$$A_{11}^{-1} = \frac{1}{3}\begin{bmatrix} 3 & 0 \\ -2 & 3 \end{bmatrix}$$

$$A^- = \begin{bmatrix} 1 & 0 & 0 \\ -2/3 & 1/3 & 0 \\ 0 & 0 & 0 \end{bmatrix}$$

$$AA^-A = \begin{bmatrix} 1 & 0 & 3 \\ 2 & 3 & 0 \\ 1 & 1 & 1 \end{bmatrix} \begin{bmatrix} 1 & 0 & 0 \\ -2/3 & 1/3 & 0 \\ 0 & 0 & 0 \end{bmatrix} \begin{bmatrix} 1 & 0 & 3 \\ 2 & 3 & 0 \\ 1 & 1 & 1 \end{bmatrix}$$

$$= \begin{bmatrix} 1 & 0 & 3 \\ 2 & 3 & 0 \\ 1 & 1 & 1 \end{bmatrix} = A$$

2.3.2 广义逆 A^+

1. 定义

如果对 A^- 作某些限制,就可得到一种唯一的广义逆,称为伪逆,并用 A^+ 表示。A^+ 定义为满足下列四个方程:

$$\left. \begin{array}{ll} AA^+A = A \quad (a) & (AA^+)^T = AA^+ \quad (c) \\ A^+AA^+ = A^+ \quad (b) & (A^+A)^T = (A^+A) \quad (d) \end{array} \right\} \tag{2-3-3}$$

的广义逆。伪逆 A^+ 也称为 Moore-Penrose 广义逆。A^+ 也是一个 A^-，A^+ 唯一，但 A^- 不唯一。

2. 广义逆 A^+ 的计算

测量计算 A^+ 常用如下方法：

$$A^+ = A^{\mathrm{T}}(AA^{\mathrm{T}})^- A(A^{\mathrm{T}}A)^- A^{\mathrm{T}} \qquad (2\text{-}3\text{-}4)$$

式中：$(AA^{\mathrm{T}})^-$ 和 $(A^{\mathrm{T}}A)^-$ 虽不唯一，但 A^+ 唯一。

当 N 为对称方阵时，N^+ 为

$$N^+ = N(NN)^- N(NN)^- N \qquad (2\text{-}3\text{-}5)$$

2.3.3 最小范数逆 A_m^-

1. 定义

设 A 为 $n \times m$ 矩阵，满足如下两个方程的 G

$$AGA = A \quad (GA)^{\mathrm{T}} = GA \qquad (2\text{-}3\text{-}6)$$

定义为 A 的最小范数逆，记为 A_m^-，是 $m \times n$ 矩阵，A_m^- 仍是 A^- 型广义逆，不唯一。

2. 常用的 A_m^- 计算

A_m^- 不唯一，有多种算法，在测量平差中推荐如下算法：

$$A_m^- = A^{\mathrm{T}}(AA^{\mathrm{T}})^- \qquad (2\text{-}3\text{-}7)$$

当 N 为对称方阵时，则有

$$N_m^- = N(NN)^- \qquad (2\text{-}3\text{-}8)$$

2.3.4 最小二乘逆 A_e^-

1. 定义

设 A 为 $n \times m$ 矩阵，G 满足如下方程

$$AGA = A \quad (AG)^{\mathrm{T}} = AG \qquad (2\text{-}3\text{-}9)$$

则 G 是 A 的最小二乘逆，记为 A_e^-，它是 A^- 型广义逆，不唯一。

2. 常用的 A_e^- 计算

$$A_e^- = (A^{\mathrm{T}}A)^- A^{\mathrm{T}} \qquad (2\text{-}3\text{-}10)$$

2.4 秩亏自由网平差

2.4.1 秩亏自由网平差原理

秩亏自由网的平差模型为式(2-2-9)，即

$$\left.\begin{array}{l}V = B\hat{x} - l \\ V^\mathrm{T}PV = \min \\ \hat{x}^\mathrm{T}\hat{x} = \min\end{array}\right\} \tag{2-4-1}$$

式中：$R(B) = r < t, n > t$。在 $V^\mathrm{T}PV = \min$ 下，由误差方程可组成法方程为

$$N\hat{x} = B^\mathrm{T}Pl \tag{2-4-2}$$

因秩 $R(N) = R(B^\mathrm{T}PB) = R(B) = r < t$。$N$ 阵奇异，且式(2-4-2)为相容方程组，$\hat{x}$ 不唯一，为求其最优解，引入最小范数准则 $\hat{x}^\mathrm{T}x = \min$，即求得法方程(2-4-2)的最小范数解

$$\hat{x} = N_m^- B^\mathrm{T} Pl \tag{2-4-3}$$

因 N 阵对称，故最小范数逆可按式(2-3-8)计算，则上式为

$$\hat{x} = N(NN)^- B^\mathrm{T} Pl \tag{2-4-4}$$

因 N^+ 也满足最小范数逆的两个条件(2-3-6)，故 $N^+ \in N_m^-$，其解也可用 N^+ 表达，即有

$$\hat{x} = N^+ B^\mathrm{T} Pl = N(NN)^- N(NN)^- NB^\mathrm{T} Pl \tag{2-4-5}$$

式(2-4-3)，式(2-4-4)和式(2-4-5)就是秩亏自由网平差模型(2-4-1)的最优解，N 的最小范数逆不唯一，可以在满足式(2-4-4)的条件下任意选择，但其解 $\hat{x}$ 唯一。

2.4.2 精度评定

单位权方差估值仍为

$$\hat{\sigma}_0^2 = \frac{V^\mathrm{T}PV}{f} = \frac{V^\mathrm{T}PV}{n - R(B)} \tag{2-4-6}$$

其中：f 为平差自由度，即平差问题的多余观测数。

$\hat{x}$ 的协因数由式(2-4-3)和式(2-4-4)得

$$Q_{\hat{x}\hat{x}} = N_m^- B^\mathrm{T} PQPB (N_m^-)^\mathrm{T} = N(NN)^- N(NN)^- N = N^+ \tag{2-4-7}$$

或由式(2-4-5)也可得到

$$Q_{\hat{x}\hat{x}} = N^+ B^\mathrm{T} PQPBN^+ = N^+ NN^+ = N^+ \tag{2-4-8}$$

两者结果相同，因此，法方程系数阵 N 的伪逆 N^+ 就是参数估值 $\hat{x}$ 的协因数阵。

由误差方程知，$l = B\hat{x} - V$。顾及 $Q_{\hat{x}V} = 0$，可得残差 V 的协因数阵为

$$Q_{VV} = Q - BQ_{\hat{x}\hat{x}}B^\mathrm{T} = Q - BN^+ B^\mathrm{T} \tag{2-4-9}$$

顺便指出，当 N 为非奇异时，$N_m^- = N^+ = N^{-1}$，法方程解 $\hat{X} = N^{-1}B^\mathrm{T}Pl$ 就是经典间接平差，为上式秩亏自由网平差的特例。

例 2.3 在图 2-2 中测得观测高差

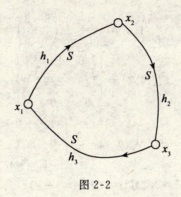

图 2-2

$$h_1 = 12.345\text{m}$$
$$h_2 = 3.478\text{m}$$
$$h_3 = -15.817\text{m}$$

各段线路距离相等(等权),秩亏自由网平差步骤如下:

取各点近似高程如下:

$$H_1^0 = 0$$
$$H_2^0 = 12.345\text{m}$$
$$H_3^0 = 15.823\text{m}$$

(1) 误差方程 $(V = B\hat{x} - l)$

$$\begin{pmatrix} v_1 \\ v_2 \\ v_3 \end{pmatrix} = \begin{pmatrix} -1 & 1 & 0 \\ 0 & -1 & 1 \\ 1 & 0 & -1 \end{pmatrix} \begin{pmatrix} \hat{x}_1 \\ \hat{x}_2 \\ \hat{x}_3 \end{pmatrix} - \begin{pmatrix} 0 \\ 0 \\ 6 \end{pmatrix}$$

常数项单位为 mm,$d = t - R(B) = 3 - 2 = 1$。

(2) 组成法方程 $(N\hat{x} = B^\text{T} P l)$

$$N = B^\text{T} B = \begin{pmatrix} 2 & -1 & -1 \\ -1 & 2 & -1 \\ -1 & -1 & 2 \end{pmatrix}, B^\text{T} l = \begin{pmatrix} 6 \\ 0 \\ -6 \end{pmatrix}$$

(3) 计算 $(NN)^{-1}$ 和 $N_m^- = N(NN)^{-1}$

$$NN = \begin{pmatrix} 6 & -3 & -3 \\ -3 & 6 & -3 \\ -3 & -3 & 6 \end{pmatrix}$$

因 $R(N)=2$，$R(NN)=2$，在 NN 中取左上角二阶行列式不为零的子阵并求凯利逆，得

$$M=\begin{pmatrix}6&-3\\-3&6\end{pmatrix},\quad M^{-1}=\frac{1}{27}\begin{pmatrix}6&3\\3&6\end{pmatrix}=\frac{1}{9}\begin{pmatrix}2&1\\1&2\end{pmatrix}$$

于是

$$(NN)^{-1}=\begin{pmatrix}2/9&1/9&0\\1/9&2/9&0\\0&0&0\end{pmatrix}$$

$$N_m^-=N(NN)^{-1}=\frac{1}{3}\begin{pmatrix}1&0&0\\0&1&0\\-1&-1&0\end{pmatrix}$$

(4) $\hat{x}=(\hat{x}_1,\hat{x}_2,\hat{x}_3)^T=N_m^-B^Tl=(2\ \ 0\ \ -2)^T$

(5) 平差结果

$H_1=H_1^0+\hat{x}_1=0.002\text{m}$　　$v_1=-2\text{mm}$　　$\hat{h}_1=h_1+v_1=12.343\text{m}$

$H_2=H_2^0+\hat{x}_2=12.345\text{m}$　　$v_2=-2\text{mm}$　　$\hat{h}_2=h_2+v_2=3.476\text{m}$

$H_3=H_3^0+\hat{x}_3=15.821\text{m}$　　$v_3=-2\text{mm}$　　$\hat{h}_3=h_3+v_3=-15.819\text{m}$

注意：此例闭合差 $\omega=h_1+h_2+h_3=6\text{mm}$，若按经典平差的条件平差或间接平差也可求得 $v_1=v_2=v_3=-2\text{mm}$，两种方法所得改正数相同，这是由于 $V^TPV=\min$ 原则，V 的唯一性所确定的。这是秩亏自由网平差的一个重要性质。

(6) $\hat{x}$ 的协因数

$$Q_{\hat{x}\hat{x}}=N^+=N_m^-N_m^-N=\frac{1}{9}\begin{pmatrix}2&-1&-1\\-1&2&-1\\-1&-1&2\end{pmatrix}$$

为了说明不同最小范数逆的最小范数解唯一，对上例 N 阵计算如下的最小范数逆。

$$(NN)^-=\begin{pmatrix}2/9&0&1/9\\0&0&0\\1/9&0&2/9\end{pmatrix},\ N_m^-=N(NN)^-=\frac{1}{3}\begin{pmatrix}1&0&0\\-1&0&-1\\0&0&1\end{pmatrix}$$

$$\hat{x}=N_m^-B^Tl=(2\ \ 0\ \ -2)^T$$

可见两者计算结果相同。

例 2.4　测边自由网平差。

观测图形如图 2-3 所示，观测数据(假设各观测值是同精度观测)，近似

坐标和近似边长见表2-1和表2-2。

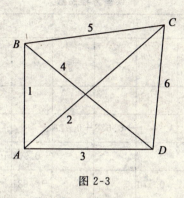

图 2-3

表 2-1　　　　　　　　　　　　观测边长

边号	边长(m)
1	22141.335
2	27908.063
3	20044.592
4	36577.034
5	20480.046
6	29402.438

表 2-2　　　　　　　　　　　　近似坐标计算

近似坐标	X_A^0	0	Y_A^0	0
	X_B^0	22141.335	Y_B^0	0
	X_C^0	19187.335	Y_C^0	250265.887
	X_D^0	−10068.386	Y_D^0	17332.434
近似边长	S_1^0	22141.335	S_4^0	36577.034
	S_2^0	27908.064	S_5^0	20480.046
	S_3^0	20044.592	S_6^0	29402.421

(1)误差方程系数见表 2-3。

表 2-3　　　　　　　　　　误差方程系数

	B								l	V
	$\hat{x}_A$	$\hat{y}_A$	$\hat{x}_B$	$\hat{y}_B$	$\hat{x}_C$	$\hat{y}_C$	$\hat{x}_D$	$\hat{y}_D$		
1	−1.000		+1.000						0	−0.0030
2	−0.688	−0.726			+0.688	+0.726			−0.001	0.0029
3	+0.502	−0.865					−0.502	+0.865	0	−0.0029
4			+0.881	−0.474			−0.881	+0.474		0.0025
5			+0.144	−0.990	−0.144	+0.990			0	−0.0014
6					+0.995	+0.100	−0.995	−0.100	+0.017	−0.0017

(2)法方程系数阵和常数项阵的组成见表 2-4。

表 2-4　　　　　　　　　　法方程系数

	$N = B^T B$								$B^T l$
1	1.725	0.065	−1.000	0	−0.473	−0.499	−0.252	0.434	+0.69
2		1.275	0	0	−0.499	−0.527	0.434	−0.748	+0.73
3			1.797	−0.560	−0.021	0.143	−0.776	0.418	0
4				1.205	0.143	−0.980	0.418	−0.225	0
5	对				1.484	0.456	−0.990	−0.100	+16.23
6						1.517	−0.100	−0.010	0.97
7			称				2.018	−0.752	−16.92
8								0.983	1.70

第 2 章 秩亏自由网平差

(3) $\hat{x}$ 的计算(见表 2-5 至表 2-7)

表 2-5　　　　　　　　　　计算 NN

(NN)							
4.704	0.260	−3.026	0.778	−1.551	−1.990	0.053	0.950
	0.094	−0.779	0.795	−2.003	−1.767	2.552	−1.938
		5.341	−2.243	1.116	1.586	−3.250	1.435
			2.972	−0.442	−2.722	1.907	−1.045
		对		3.894	1.824	−3.459	0.620
					4.027	−1.421	0.436
			称			6.657	−3.009
							2.515

表 2-6　　　　　　　　　　计算 $(NN)^-$

$(NN)^-$							
0.443	0.131	0.287	0.091	0.172	0	0	0
0.131	0.609	0.051	−0.108	0.339	0	0	0
0.287	0.051	0.475	0.275	0.036	0	0	0
0.091	−0.108	0.275	0.544	−0.036	0	0	0
0.172	0.339	0.036	−0.036	0.485	0	0	0
0	0	0	0	0	0	0	0
0	0	0	0	0	0	0	0
0	0	0	0	0	0	0	0

表 2-7　　　　　　　　　　　计算 N_m^-

$N_m^- = N(NN)^-$								$\hat{x}=N_m^- B^T l$
0.404	0.054	0.006	−0.108	0.053	0	0	0	1.2(mm)
0.110	0.616	0.066	−0.114	0.201	0	0	0	3.8
0.018	0.014	0.412	0.099	−0.097	0	0	0	−1.6
−0.026	−0.110	0.071	0.496	0.006	0	0	0	0
−0.013	0.121	−0.078	0.029	0.463	0	0	0	7.6
−0.260	−0.119	−0.355	−0.499	−0.003	0	0	0	−0.3
−0.410	−0.189	−0.339	−0.020	−0.419	0	0	0	−7.6
0.177	−0.387	0.219	0.116	−0.204	0	0	0	−3.5

(4) 最后计算坐标

$\hat{X}_A = X_A^0 + \hat{x}_A = 0.001$　　　　　$\hat{Y}_A = Y_A^0 + \hat{y}_A = 0.004$

$\hat{X}_B = X_B^0 + \hat{x}_B = 22141.333$　　　$\hat{Y}_B = Y_B^0 + \hat{y}_B = 0$

$\hat{X}_C = X_C^0 + \hat{x}_C = 19187.343$　　　$\hat{Y}_C = Y_C^0 + \hat{y}_C = 20265.887$

$\hat{X}_D = X_D^0 + \hat{x}_D = -10068.394$　　$\hat{Y}_D = Y_D^0 + \hat{y}_D = 17332.430$

从以上的例子可以看出,在 $(NN)^-$ 和 N_m^- 中存在许多零元素,其出现是有规律的。在这个例子中,$d=3$,所以在 $(NN)^-$ 的最后三行三列和 N_m^- 最后的三列为零元素,利用这些信息可以简化计算。计算时,这些零元素也不必列出。

(5) Q_{xx} 的计算

Q_{xx} 的计算见表 2-8。

表 2-8　　　　　　　　参数的协因数阵计算

$Q_{xx} = N(NN)^- N(NN)^- N$								$x = Q_{xx} B^T l$
0.276	0.076	−0.121	−0.112	−0.049	0.000	−0.107	0.035	1.2(mm)
	0.434	0.033	−0.146	0.037	−0.051	−0.147	−0.241	3.8
		0.272	−0.014	−0.116	−0.097	−0.035	0.078	−1.6
			0.289	0.077	−0.186	0.049	0.042	0
				0.305	0.030	−0.141	−0.145	7.6
					0.281	0.067	−0.045	−0.3
						0.282	0.031	−7.6
							0.245	−3.5

2.5 拟稳平差

以上的最小范数解中，$P_X = I$，即通常理解为待定点具有同样的稳定程度。如果在一个自由网中，一部分点对于另一部分是相对稳定的，以网中点的高程或坐标作为未知数，就有稳定未知数和不稳定未知数两类。设不稳定未知数的近似值为 X_1^0，改正数为 $\hat{x}_1$；稳定未知数的近似值为 X_2^0，改正数为 $\hat{x}_2$，这时可将基准权设为 $P_X = \begin{bmatrix} P_{X_1} & 0 \\ 0 & P_{X_2} \end{bmatrix} = \begin{bmatrix} 0 & 0 \\ 0 & I_2 \end{bmatrix}$，则误差方程为

$$\underset{n,1}{V} = \underset{n,t}{B}\underset{t,1}{\hat{x}} - \underset{n,1}{l} = (\underset{n,t_1}{B_1}\ \underset{n,t_2}{B_2}) \begin{pmatrix} \hat{x}_1 \\ t_1,1 \\ \hat{x}_2 \\ t_2,1 \end{pmatrix} - \underset{n,1}{l} \tag{2-5-1}$$

式中：$t_1 + t_2 = t$，在水准网中 t_1, t_2 分别表示不稳定点数及稳定点数。在平面网中，t_1, t_2 分别表示二倍不稳定点数及二倍稳定点数，即它们的坐标未知数个数。$R(B) = r < t, d = t - r$。$t > t_2 > d$，$R(B_1) = t_1$，B_1 为列满秩阵。平差准则为

$$V^T PV = \min \tag{2-5-2}$$

$$\hat{x}_2^T \hat{x}_2 = \min \tag{2-5-3}$$

由以上两式看出，这种平差方法的实质是：只使稳定未知参数拟合于它们的初值，因此是拟合稳定点的平差，故称拟稳平差。拟稳平差概念由周江文提出（1980[10]）。

2.5.1 拟稳平差原理

由误差方程可得法方程为

$$N\hat{X} = B^T P l$$

或

$$\begin{bmatrix} N_{11} & N_{12} \\ N_{21} & N_{22} \end{bmatrix} \begin{Bmatrix} \hat{x}_1 \\ \hat{x}_2 \end{Bmatrix} = \begin{Bmatrix} B_1^T P l \\ B_2^T P l \end{Bmatrix} \tag{2-5-4}$$

其中：

$$N_{11} = B_1^T P B_1 \qquad N_{12} = B_1^T P B_2 = N_{21}^T$$
$$N_{22} = B_2^T P B_2 \qquad N = B^T P B$$

$R(N_{11}) = t_1$，N_{11} 满秩，$R(N) = r$，N 奇异。由式(2-5-4)不能得到唯一解。

对式(2-5-4)中的第一个方程左乘 $N_{12}N_{11}^{-1}$，得

$$N_{21}N_{11}^{-1}N_{11}\hat{x}_1 + N_{21}N_{11}^{-1}N_{12}\hat{x}_2 = N_{21}N_{11}^{-1}B_1^{\mathrm{T}}Pl \tag{2-5-5}$$

再将式(2-5-5)减去式(2-5-4)中的第二式，得

$$(N_{22} - N_{21}N_{11}^{-1}N_{12})\hat{x}_2 = B_2^{\mathrm{T}}Pl - N_{21}N_{11}^{-1}B_1^{\mathrm{T}}Pl \tag{2-5-6}$$

令

$$M = N_{22} - N_{21}N_{11}^{-1}N_{12}$$
$$\alpha^{\mathrm{T}} = B_2^{\mathrm{T}} - N_{21}N_{11}^{-1}B_1^{\mathrm{T}}$$

则上式可以写为

$$M\hat{X}_2 = \alpha^{\mathrm{T}}Pl \tag{2-5-7}$$

法方程经约化后秩亏仍然未消除，M 仍是秩亏矩阵，秩亏数为 d，式(2-5-7) 中的解仍不唯一，为了获得唯一最优解，需附加拟稳条件：

$$\hat{x}_2^{\mathrm{T}}\hat{x}_2 = \min$$

于是式(2-5-7)解得

$$\hat{x}_2 = M_m^- \alpha^{\mathrm{T}}Pl = \bar{\alpha}Pl \tag{2-5-8}$$

式中：令

$$\bar{\alpha} = M_m^- \alpha^{\mathrm{T}} \tag{2-5-9}$$

将式(2-5-8)代入式(2-5-4)的第一式，可得

$$\hat{x}_1 = N_{11}^{-1}(B_1^{\mathrm{T}}Pl - N_{12}\hat{x}_2) \tag{2-5-10}$$

令

$$\beta = N_{11}^{-1}(B_1^{\mathrm{T}} - N_{12}\bar{\alpha}) \tag{2-5-11}$$

则有

$$\hat{x}_1 = \beta Pl \tag{2-5-12}$$

以上导出的式(2-5-8)和式(2-5-12)即为拟稳平差的最优解，即

$$\hat{x} = \begin{pmatrix} x_1 \\ x_2 \end{pmatrix} = \begin{pmatrix} \beta \\ \bar{\alpha} \end{pmatrix} Pl \tag{2-5-13}$$

2.5.2 精度评定

单位权方差估计量为

$$\hat{\sigma}_0^2 = \frac{V^{\mathrm{T}}PV}{f} = \frac{V^{\mathrm{T}}PV}{n - R(B)} \tag{2-5-14}$$

由式(2-5-12)可得 $\hat{x}$ 的协因数

$$Q_{\hat{x}\hat{x}} = \begin{pmatrix} Q_{\hat{x}_1\hat{x}_1} & Q_{\hat{x}_1\hat{x}_2} \\ Q_{\hat{x}_2\hat{x}_1} & Q_{\hat{x}_2\hat{x}_2} \end{pmatrix} = \begin{pmatrix} \beta P \beta^{\mathrm{T}} & \beta P \bar{\alpha}^{\mathrm{T}} \\ \bar{\alpha} P \beta^{\mathrm{T}} & \bar{\alpha} P \bar{\alpha}^{\mathrm{T}} \end{pmatrix} \tag{2-5-15}$$

例 2.5 同例 2.3，设图 2-2 所示的水准网中 x_2 和 x_3 为稳定未知数，作拟稳平差。

(1)误差方程

$$\begin{pmatrix} v_1 \\ v_2 \\ v_3 \end{pmatrix} = \begin{pmatrix} -1 & 1 & 0 \\ 0 & -1 & 1 \\ 1 & 0 & -1 \end{pmatrix} \begin{pmatrix} \hat{x}_1 \\ \hat{x}_2 \\ \hat{x}_3 \end{pmatrix} - \begin{pmatrix} 0 \\ 0 \\ 6 \end{pmatrix}$$

则有

$$B_1 = \begin{pmatrix} -1 \\ 0 \\ 1 \end{pmatrix}, B_2 = \begin{pmatrix} 1 & 0 \\ -1 & 1 \\ 0 & -1 \end{pmatrix}, \hat{x}_1 = (\hat{x}_1), \hat{x}_2 = \begin{pmatrix} \hat{x}_2 \\ \hat{x}_3 \end{pmatrix}$$

$$t = 3, t_1 = 1, t_2 = 2, d = 1$$

(2)计算以下矩阵

$$N = \begin{pmatrix} 2 & -1 & -1 \\ -1 & 2 & -1 \\ -1 & -1 & 2 \end{pmatrix}$$

式中： $N_{11} = 2, N_{12} = (-1 \quad -1) = N_{21}^T, N_{22} = \begin{pmatrix} 2 & -1 \\ -1 & 2 \end{pmatrix}$

$$M = N_{22} - N_{21} N_{11}^{-1} N_{12} = \begin{pmatrix} 3/2 & -3/2 \\ -3/2 & 3/2 \end{pmatrix}$$

$$|M| = 0, \quad R(M) = 1, \quad \alpha^T = B_2^T - N_{21} N_{11}^{-1} B_1^T = \begin{pmatrix} 1/2 & 1 & 1/2 \\ -1/2 & 1 & -1/2 \end{pmatrix}$$

$$MM = \begin{pmatrix} 9/2 & * \\ * & * \end{pmatrix} (\text{注：符号 } * \text{ 表示不必计算})$$

$$(MM)^- = \begin{pmatrix} 2/9 & * \\ * & * \end{pmatrix}, \quad M_m^- = M(MM)^- = \begin{pmatrix} 1/3 & 0 \\ -1/3 & 0 \end{pmatrix}$$

$$\bar{\alpha} = M_m^- \alpha^T = \begin{pmatrix} 1/6 & -1/3 & 1/6 \\ -1/6 & 1/3 & -1/6 \end{pmatrix}$$

$$\beta = N_{11}^{-1}(B_1^T - N_{12} \bar{\alpha}) = (-1/2 \quad 0 \quad 1/2)$$

(3)计算 $\hat{x}_1, \hat{x}_2$ 和 $X^0 + \hat{x}$

$$\hat{x}_2 = \bar{\alpha} l = \begin{pmatrix} 1/6 & -1/3 & 1/6 \\ -1/6 & 1/3 & -1/6 \end{pmatrix} \begin{pmatrix} 0 \\ 0 \\ 6 \end{pmatrix} = \begin{pmatrix} 1 \\ -1 \end{pmatrix}$$

$$\hat{x}_2 + \hat{x}_3 = 1 - 1 = 0 (\text{检核})$$

$$\hat{x}_1 = \beta l = (-1/2 \quad 0 \quad 1/2) \begin{pmatrix} 0 \\ 0 \\ 6 \end{pmatrix} = 3$$

$$\hat{x} = (\hat{x}_1, \hat{x}_2, \hat{x}_3)^T = (3 \quad 1 \quad -1)^T$$

$$H = X^0 + \hat{x} = (0.003 \quad 12.346 \quad 15.822)^T$$

$$V = \begin{pmatrix} -1 & 1 & 0 \\ 0 & -1 & 1 \\ 1 & 0 & -1 \end{pmatrix} \begin{pmatrix} 3 \\ 1 \\ -1 \end{pmatrix} - \begin{pmatrix} 0 \\ 0 \\ 6 \end{pmatrix} = \begin{pmatrix} -2 \\ -2 \\ -2 \end{pmatrix}$$

$$\hat{h} = h + v = (12.343 \quad 3.476 \quad -15.819)^T$$

(4) 计算 $Q_{\hat{x}\hat{x}}$

$$Q_{\hat{x}\hat{x}} = \begin{pmatrix} \beta\beta^T & \beta\overline{\alpha}^T \\ \overline{\alpha}\beta^T & \overline{\alpha}\,\overline{\alpha}^T \end{pmatrix} = \begin{pmatrix} 1/2 & 0 & 0 \\ 0 & 1/6 & -1/6 \\ 0 & -1/6 & 1/6 \end{pmatrix}$$

由例 2.3 与例 2.5 的平差结果可知，两种自由网平差结果中残差 V 与观测值 h 的平差值 $\hat{h}$ 完全相同，而高程改正数 $\hat{x}$ 与 $Q_{\hat{x}\hat{x}}$ 两者不同。两者的 V 值由 $V^T PV = \min$ 所确定，故相同，而坐标参数的确定还取决于基准条件。由于 $\hat{x}^T\hat{x} = \min$ 与 $\hat{x}_2^T\hat{x}_2 = \min$ 不同，求得的 $\hat{x}$ 也不同。

例 2.6 题同例 2.4，以 C, D 两点为稳定点，进行拟稳平差。

(1) 误差方程

误差方程系数同表 2-3。表中 B 的前 4 列为 B_1，后 4 列为 B_2。

(2) 计算以下矩阵

$N_{11}, N_{12}, N_{21}, N_{22}$ 见表 2-4，表中左上四阶子矩阵为 N_{11}，右下四阶子矩阵为 N_{22}，其余两个子矩阵为 N_{12}, N_{21}。其他矩阵计算结果见表 2-9 至表 2-15。

表 2-9

	N_{11}^{-1}		
0.94	−0.048	0.608	0.282
	0.787	−0.031	−0.014
		1.046	0.486
			1.056

表 2-10

	M		
1.108	0.112	−1.108	−0.111
	0.012	−0.110	−0.013
		1.107	0.112
			0.011

第2章 秩亏自由网平差

表 2-11

(MM)⁻			
0.403	0	0	0
0	0	0	0
0	0	0	0
0	0	0	0

表 2-12

M_m^-			
0.447	0	0	0
0.045	0	0	0
−0.447	0	0	0
−0.045	0	0	0

表 2-13

α^T					
−0.165	0.150	−0.125	0.205	−0.100	0.995
−0.016	0.015	−0.014	0.020	−0.010	0.100
0.165	−0.150	0.126	−0.204	+0.995	−0.995
0.017	−0.015	0.012	−0.021	0.008	−0.100

表 2-14

$\bar{\alpha}$					
−0.074	0.067	−0.056	0.092	−0.045	0.445
−0.007	0.007	−0.006	0.009	−0.004	0.045
0.074	−0.067	0.056	−0.092	0.045	−0.445
0.007	−0.007	0.006	−0.009	0.004	−0.045

表 2-15

β					
−0.319	−0.614	0.514	0.393	−0.187	−0.041
−0.036	−0.490	−0.745	0.045	−0.024	0.320
0.470	−0.425	0.335	0.652	−0.311	−0.190
0.198	−0.178	0.148	−0.063	−0.978	0.041

(3)计算 $\hat{x}_1, \hat{x}_2$ 和 V

$$\hat{x}_1 = \bar{\alpha}l = (0.0075 \quad 0.0008 \quad -0.0075 \quad -0.0008)^T$$
$$\hat{x}_2 = \bar{\beta}l = (-0.0001 \quad 0.0059 \quad -0.0028 \quad 0.0009)^T$$
$$V = (-0.0030 \quad 0.0029 \quad -0.0029 \quad 0.0025 \quad -0.0014 \quad 0.0017)^T$$

V 与例 2.4 完全相同。

(4) 计算 $Q_{\hat{x}\hat{x}}$

结果见表 2-16。

表 2-16

				$Q_{\hat{x}\hat{x}}$			
0.934	−0.062	0.616	0.279	−0.023	−0.003	0.023	0.003
	0.901	−0.097	0.004	0.159	0.016	−0.159	−0.016
		1.085	0.477	−0.094	−0.010	0.094	0.010
			1.055	0.022	0.002	−0.022	−0.002
				0.222	0.022	−0.222	−0.222
					0.002	−0.022	−0.002
						0.222	0.022
							0.002

2.6 自由网平差结果的相互转换

经典自由网平差、秩亏自由网平差和拟稳平差虽然具有各自不同的基准条件,但都遵循最小二乘原则 $V^T PV = \min$,所以得到的改正数 V 不会因为所选取的不同基准而异;所得到的参数估计随所选的基准不同而不同,但都是最小二乘解,它们都满足法方程 $N\tilde{x} = B^T Pl$。为了避免自由网因为基准不同而进行多次平差,本节将讨论由任意基准的解变换到所要求的基准解的问题。

设将参数 X 相似变换至 $\tilde{X}$,以二维网为例,若只考虑网形旋转,则有 $\tilde{X} = RX$。

式中:R 为旋转矩阵

$$R = \begin{pmatrix} \cos\alpha & -\sin\alpha \\ \sin\alpha & \cos\alpha \end{pmatrix} \tag{2-6-1}$$

令 R 的充分近似值为 R^0,故有

$$\tilde{X} = R^0 X + \delta R X \tag{2-6-2}$$

当旋转角 α 很小时,可取 $\alpha^0 = 0$,则

$$R^0 = \begin{pmatrix} 1 & 0 \\ 0 & 1 \end{pmatrix} = I$$

$$\delta R = \begin{pmatrix} -\sin\alpha^0 \delta\alpha & -\cos\alpha^0 \delta\alpha \\ \cos\alpha^0 \delta\alpha & -\sin\alpha^0 \delta\alpha \end{pmatrix} = \begin{pmatrix} 0 & -\delta\alpha \\ \delta\alpha & 0 \end{pmatrix}$$

对于网中第 i 点坐标,由式(2-6-2)可得

$$\begin{pmatrix} \tilde{x}_i - x_i \\ \tilde{y}_i - y_i \end{pmatrix} = \begin{pmatrix} 0 & -\delta\alpha \\ \delta\alpha & 0 \end{pmatrix} \begin{pmatrix} x_i \\ y_i \end{pmatrix} = \begin{pmatrix} -y_i \\ x_i \end{pmatrix} \delta\alpha \tag{2-6-3}$$

将网形旋转后再平移,平移量为 δx 和 δy,则上式为:

$$\begin{pmatrix} \tilde{x}_i - x_i \\ \tilde{y}_i - y_i \end{pmatrix} = \begin{pmatrix} 1 & 0 & -y_i \\ 0 & 1 & x_i \end{pmatrix} \begin{pmatrix} \delta x \\ \delta y \\ \delta\alpha \end{pmatrix} \tag{2-6-4}$$

在考虑比例尺缩放 $\delta\lambda$,即 $\tilde{x}_i - x_i = \delta\lambda x_i$, $\tilde{y}_i - y_i = \delta\lambda y_i$,于是上式为:

$$\begin{pmatrix} \tilde{x}_i - x_i \\ \tilde{y}_i - y_i \end{pmatrix} = \begin{pmatrix} 1 & 0 & -y_i & x_i \\ 0 & 1 & x_i & y_i \end{pmatrix} (\delta x \quad \delta y \quad \delta\alpha \quad \delta\lambda)^T \tag{2-6-5}$$

设网中共有 m 个点 $(x_i \quad y_i)$, $i=1,2,\cdots,m$,则其微分相似变换公式为:

$$\tilde{X} - X = SD \tag{2-6-6}$$

式中:

$$\underset{2m,1}{\tilde{X}} = (\tilde{x}_1 \quad \tilde{y}_1 \quad \tilde{x}_2 \quad \tilde{y}_2 \quad \cdots \quad \tilde{x}_m \quad \tilde{y}_m)^T$$

$$\underset{2m,1}{X} = (x_1 \quad y_1 \quad x_2 \quad y_2 \quad \cdots \quad x_m \quad y_m)^T$$

$$\underset{4,1}{D} = (\delta x \quad \delta y \quad \delta\alpha \quad \delta\lambda)^T$$

$$\underset{2m,4}{S} = \begin{pmatrix} 1 & 0 & -y_1 & x_1 \\ 0 & 1 & x_1 & y_1 \\ \vdots & & & \vdots \\ 1 & 0 & -y_m & x_m \\ 0 & 1 & -x_m & y_m \end{pmatrix} \tag{2-6-7}$$

S 称为相似变换矩阵,D 为变换因子向量。当自由网为一维时,例如水准网,则有

$$\left. \begin{aligned} \underset{m,1}{\tilde{X}} &= (\tilde{x}_1 \quad \cdots \quad \tilde{x}_m) \\ \underset{m,1}{X} &= (x_1 \quad \cdots \quad x_m)^T \\ D &= \delta x \\ \underset{1,m}{S^T} &= (1 \quad 1 \quad \cdots \quad 1) \end{aligned} \right\} \tag{2-6-8}$$

对于测边网,不存在 $\delta\lambda$,S 为 $2m\times 3$ 矩阵,将式(2-6-7)右边最后一列除去即得。对于 GPS 网,一般只考虑平移,故有

$$\widetilde{X}_{3m,1} = (\widetilde{x_1} \quad \widetilde{y_1} \quad \widetilde{z_1} \quad \cdots \quad \widetilde{x_m} \quad \widetilde{y_m} \quad \widetilde{z_m})^T$$

$$X_{3m,1} = (x_1 \quad y_1 \quad z_1 \quad \cdots \quad x_m \quad y_m \quad z_m)^T$$

$$S^T_{3m,3} = \begin{pmatrix} 1 & 0 & 0 & 1 & 0 & 0 & \cdots & 1 & 0 & 0 \\ 0 & 1 & 0 & 0 & 1 & 0 & \cdots & 0 & 1 & 0 \\ 0 & 0 & 1 & 0 & 0 & 1 & \cdots & 0 & 0 & 1 \end{pmatrix}, D = \begin{pmatrix} \delta x \\ \delta y \\ \delta z \end{pmatrix}$$

设 X 为某类自由网平差坐标(如最小范数解),现要变换另一类自由网平差坐标 $\hat{X}$(如拟稳平差结果),相似变换公式(2-3-6),即

$$\hat{X} = X + SD \tag{2-6-9}$$

式中:X,S 已知,求 D 或 $\hat{X}$,设要求的 $\hat{X}$ 属于 $\hat{X}^T P_x \hat{X} = \min$ 的基准,例如,拟稳基准 $\hat{X}_2^T \hat{X}_2 = \min$,即

$$\hat{X}_2^T \hat{X}_2 = (\hat{X}_1^T \quad \hat{X}_2^T)\begin{pmatrix} 0 & 0 \\ 0 & I \end{pmatrix}\begin{pmatrix} \hat{X}_1 \\ \hat{X}_2 \end{pmatrix} = \min \tag{2-6-10}$$

此时 $P_x = \begin{pmatrix} 0 & 0 \\ 0 & I \end{pmatrix}$,$P_x$ 可按具体问题确定。

为满足式(2-6-10)的要求,可将式(2-6-10)对 D 求导令其为零。

$$\frac{\partial \hat{X}^T P_x \hat{X}}{\partial D} = 2\hat{X}^T P_x \frac{\partial \hat{X}}{\partial D} = 2\hat{X}^T P_x S = 0 \tag{2-6-11}$$

即

$$S^T P_x \hat{X} = 0 \tag{2-6-12}$$

将式(2-6-9)代入,得

$$S^T P_x (X + SD) = 0$$

$$D = -(S^T P_x S)^{-1} S^T P_x X \tag{2-6-13}$$

最后由式(2-6-9)求得变换结果为

$$\hat{X} = (I - S(S^T P_x S)^{-1} S^T P_x)X = HX \tag{2-6-14}$$

H 为变换矩阵,$\hat{X}$ 的协因数为

$$Q_{\hat{x}\hat{x}} = H Q_{xx} H^T \tag{2-6-15}$$

式(2-6-14)为自由网基准变换的一般公式。

例 2.7 数据同例 2.3。现将以 x_1 为固定点的经典间接平差结果变换到以 x_2,x_3 为拟稳点的拟稳平差结果。

图 2-2 中已知 x_1 的高程为 0m,x_2 和 x_3 近似高程 $x_2^0 = 12.345$m,$x_3^0 = 15.823$m,进行经典间接平差。平差结果为

$$\hat{x}_2 = -2\text{mm}, \hat{x}_3 = -4\text{mm} \quad (\hat{x}_1 = 0)$$

$$v_1 = v_2 = v_3 = -2\text{mm}$$

$$Q_{\hat{X}\hat{X}} = \begin{pmatrix} 0 & 0 & 0 \\ 0 & 2/3 & 1/3 \\ 0 & 1/3 & 2/3 \end{pmatrix} \quad (因 \hat{x} 为固定点)$$

已知经典平差结果为 $\hat{x}_{经典} = (\hat{x}_1, \hat{x}_2, \hat{x}_3)^T = (0 \quad -2 \quad -4)^T$,求以 x_2 和 x_3 为拟稳点的拟稳平差结果。近似值取与经典平差中的近似值相同,即 $x_1^0 = 0$m,$x_2^0 = 12.345$m,$x_3^0 = 15.823$m。水准网平差的相似变换矩阵 S^T 为

$$S^T = (1 \quad 1 \quad 1)$$

即

$$P_X = \begin{pmatrix} 0 & 0 & 0 \\ 0 & 1 & 0 \\ 0 & 0 & 1 \end{pmatrix}$$

计算:

$$H = \begin{pmatrix} 1 & 0 & 0 \\ 0 & 1 & 0 \\ 0 & 0 & 1 \end{pmatrix} - \begin{pmatrix} 1 \\ 1 \\ 1 \end{pmatrix} \frac{1}{2}(0 \quad 1 \quad 1) = \begin{pmatrix} 1 & -1/2 & -1/2 \\ 0 & 1/2 & -1/2 \\ 0 & -1/2 & 1/2 \end{pmatrix}$$

$$\hat{x}_{拟稳} = H\hat{x}_{经典} = (3 \quad 1 \quad -1)^T, V = (-2 \quad -2 \quad -2)^T$$

$$Q_{\hat{X}\hat{X}} = HQ_{XX}H^T = \begin{pmatrix} 1/2 & 0 & 0 \\ 0 & 1/6 & -1/6 \\ 0 & -1/6 & 1/6 \end{pmatrix}$$

转换得到的结果与例 2.5 拟稳平差结果相同。

若将拟稳平差结果变换至自由网平差结果(最小范数解),取近似坐标仍与上例相同。此时,$\hat{x}_{拟稳} = (3 \quad 1 \quad -1)^T, S^T = (1 \quad 1 \quad 1)$,

$$P_X = \begin{pmatrix} 1 & 0 & 0 \\ 0 & 1 & 0 \\ 0 & 0 & 1 \end{pmatrix} = I,即 \hat{X}^T \hat{X} = \min$$

计算:

$$H = \begin{pmatrix} 1 & 0 & 0 \\ 0 & 1 & 0 \\ 0 & 0 & 1 \end{pmatrix} - \begin{pmatrix} 1 \\ 1 \\ 1 \end{pmatrix} \frac{1}{3}(1 \quad 1 \quad 1) = \begin{pmatrix} 2/3 & -1/3 & -1/3 \\ -1/3 & 2/3 & -1/3 \\ -1/3 & -1/3 & 2/3 \end{pmatrix}$$

$$\hat{x}_{\text{范}} = H\hat{x}_{\text{拟稳}} = (2 \quad 0 \quad -2)^T, V = (-2 \quad -2 \quad -2)^T$$

$$Q_{\hat{x}\hat{x}} = HQ_{xx}H^T = \frac{1}{9}\begin{pmatrix} 2 & -1 & -1 \\ -1 & 2 & -1 \\ -1 & -1 & 2 \end{pmatrix}$$

结果与例 2.3 最小范数解完全相同。

式(2-6-11)证明了 $\hat{X}^T P_X \hat{X} = \min$ 与 $S^T P_X \hat{X} = 0$ 是等价的,也就是秩亏自由网平差模型

$$\left.\begin{array}{l} V = B\hat{X} - l \\ V^T PV = \min \\ \hat{X}^T P_X \hat{X} = \min \end{array}\right\} \qquad (2\text{-}6\text{-}16)$$

与

$$\left.\begin{array}{l} V = B\hat{X} - l \\ V^T PV = \min \\ S^T P_X \hat{X} = 0 \end{array}\right\} \qquad (2\text{-}6\text{-}17)$$

等价,两者的平差结果相同。前者是广义逆法的最优解准则。后者说明了在秩亏自由网平差中,没有必要的起算数据,即无一个确定的基准,因此没有唯一的解向量。为了获得唯一的解向量,在平差时对未知参数附加了约束条件 $S^T P_X \hat{X} = 0$,这个基准约束条件起到了给定参考系的作用,如:在水准网中 $S^T_{1,m} = (1 \quad 1 \quad \cdots \quad 1)$,取 $P_X = I$,那么基准约束条件为 $\sum_{i=1}^{m} \hat{x}_i = 0$,亦即 $\sum_{i=1}^{m} (\hat{x}_i + X_i^0) = \sum_{i=1}^{m} X_i^0$,也就是平差后各点高程之和等于平差前各点高程近似值之和,即水准网的重心不变。平差结果与在 $\hat{X}^T \hat{X} = \min$ 条件下得到的平差结果是相同的。与拟稳基准等价的是取 $S^T_{1,m} = (1 \quad 1 \quad \cdots \quad 1), P_X = \begin{bmatrix} 0 & 0 \\ 0 & I_2 \end{bmatrix}$,那么基准约束条件为 $\sum_{i=t_1}^{m} \hat{x}_i = 0, \sum_{i=t_1}^{m}(\hat{x}_i + X_i^0) = \sum_{i=t_1}^{m} X_i^0$,即拟稳基准实质是拟稳点组的重心基准。由此可知,秩亏自由网平差是以近似值系为基准的,近似值给的不同,未知参数的平差值也不同。

2.7 用于变形分析的自由网平差

为了监测工程变形和地壳运动,需要布设形变监测网,利用不同周期的重复观测,分析监测点的位移情况。位移量大小、方向等是相对网中参考基准而言的。而本章介绍的自由网平差正是结合基准的特定平差方法,很适合用于监测网。这是自由网平差最主要应用的对象,本节仅作简单介绍。

监测网一般可归纳为两种类型:一是所布网中部分点是不动点或相对不动点构成基准对网中其他点进行监测;二是网中全部点是否移动要通过观测数据分析才能判定。对于前一类型监测网,各期都进行固定基准或拟稳基准的经典平差,但要对基准的稳定性进行假设检验。对于后一类型的监测网,一般先按重心基准进行秩亏自由网平差,通过观测数据统计检验分析,找出网中相对稳定点,用拟稳平差对监测点的位移进行分析。

用于变形分析的监测网,一般要求两期观测的网形相同,观测方案包括观测精度,观测个数等也都相同,所不同的仅是两期观测值数据不同,即存在差异。设第Ⅰ、Ⅱ期观测向量分别为 L_1, L_{II},其差值为 $\Delta L = L_{\mathrm{II}} - L_{\mathrm{I}}$。在这种情况下,作秩亏自由网平差,不必分两期单独进行,求两期坐标差值再计算坐标变化量。可直接用差值 ΔL 为观测值进行秩亏自由网平差,直接求得两期坐标的变化量。

设两期观测差值向量为 ΔL,其权阵由下式确定:

$$D(\Delta L) = D(L_1) + D(L_2), D(\Delta L) = \sigma_0^2 Q_{\Delta L} = \sigma_0^2 P_{\Delta L}^{-1} \qquad (2\text{-}7\text{-}1)$$

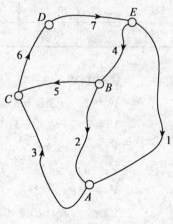

图 2-4

当 $D(L_1)$、$D(L_2)$ 为对角阵时,有

$$P_{\Delta L_i} = \frac{\sigma_0^2}{\sigma_{L_{1(i)}}^2 + \sigma_{L_{2(i)}}^2} \qquad (2\text{-}7\text{-}2)$$

再设坐标变化量为 δX,则可组成误差方程为

$$V = B\delta X - \Delta L \qquad (2\text{-}7\text{-}3)$$

不必选取坐标近似值,平差准则为

$$V^T PV = \min \qquad \delta X^T \delta X = \min$$

或 $\quad V^T PV = \min \qquad \delta X_2^T \delta X_2 = \min$

例 2.8 为了监测区地面沉降,布设了图 2-4 水准网,1968 年、1974 年两年进行了观测,其数据列于表 2-17。

表 2-17 地面观测沉降观测数据

路线	观测高差 h(m)		长度 s(km)	权 $P_{\Delta h}$	高差变化量(cm)		
	$T_1=1968$	$T_2=1974$			Δh	V	$\Delta \hat{h}$
1	−24.8680	−24.7837	98.4	0.254	8.43	−2.68	5.75
2	−8.9328	−8.9466	21.4	0.789	−1.38	0.84	−0.54
3	−4.2122	−4.2104	79.1	0.316	0.18	−0.07	0.11
4	−15.9358	−15.8943	24.3	0.525	4.15	2.15	6.30
5	−13.1412	−13.1504	44.7	0.559	−1.28	0.84	−0.44
6	9.9877	9.9886	42.4	0.398	0.09	1.14	1.23
7	19.1222	19.0388	68.4	0.365	−8.34	1.22	−7.12

(1)误差方程
$$V = B\delta X - \Delta h$$
$$V_1 = \delta x_A - \delta x_B - 8.43$$
$$V_2 = \delta x_A - \delta x_B + 1.38$$
$$V_3 = -\delta x_A + \delta x_C - 0.18$$
$$V_4 = \delta x_B - \delta x_E - 4.15$$
$$V_5 = -\delta x_B + \delta x_C - 1.28$$
$$V_6 = -\delta x_C + \delta x_D - 0.09$$
$$V_7 = -\delta x_D + \delta x_E + 8.34$$

(2) $\delta X = N(NN)^- B^T P_{\Delta h} \Delta h$

$$\delta X = [0.75 \quad 1.29 \quad 0.87 \quad 2.10 \quad -5.02]^T \text{(cm)}$$

(3) $Q_{\delta X \delta X} = N(NN)^- N(NN)^- N$

$$Q_{\delta X \delta X} = \begin{bmatrix} 0.572 & -0.060 & -0.105 & -0.383 & 0.142 \\ -0.060 & 0.412 & 0.064 & 0.331 & -0.077 \\ -0.105 & 0.064 & 0.540 & -0.108 & 0.263 \\ -0.383 & 0.331 & -0.108 & 0.937 & 0.115 \\ 0.142 & -0.077 & 0.263 & 0.115 & 0.598 \end{bmatrix}$$

$$\hat{\sigma}_0^2 = \frac{V^T P V}{n - R(B)} = \frac{6.28}{7-4} = 2.09$$

(4) 各点高程变化量及其中误差计算

结果见表 2-18。

表 2-18　　　　　　　　各点高程变化量及其中误差

点名	A	B	C	D	E
δx(cm)	0.75	1.29	0.87	2.10	−5.02
$\hat{\sigma}_{\delta x}$(cm)	1.09	0.92	1.06	1.40	1.12

对于变形分析,这还不是最后结论,还要通过假设检验,判定在显著水平 α 下高程变化量是否显著,即要判定是点的高程变化还是测量偶然误差所致。

例 2.9　同例 2.8,由上例看,A、B、C 三点的高程变化量较小,现令其为拟稳点,则有

$$V = (B_1 \quad B_2) \begin{pmatrix} \delta X_1 \\ \delta X_2 \end{pmatrix} - \Delta h$$

式中: $\delta X_1 = (\delta x_E \quad \delta x_D)^T$, $\delta X_2 = (\delta x_B \quad \delta x_A \quad \delta x_C)^T$。即

(1) 误差方程

$$\begin{bmatrix} V_1 \\ V_2 \\ V_3 \\ V_4 \\ V_5 \\ V_6 \\ V_7 \end{bmatrix} = \begin{bmatrix} -1 & 0 & 0 & 1 & 0 \\ 0 & 0 & -1 & 1 & 0 \\ 0 & 0 & 0 & -1 & 1 \\ -1 & 0 & 1 & 0 & 0 \\ 0 & 0 & -1 & 0 & 1 \\ 0 & 1 & 0 & 0 & -1 \\ 1 & -1 & 0 & 0 & 0 \end{bmatrix} \begin{bmatrix} \delta x_E \\ \delta x_D \\ \vdots \\ \delta x_B \\ \delta x_A \\ \delta x_C \end{bmatrix} - \begin{bmatrix} 8.43 \\ -1.38 \\ 0.18 \\ 4.15 \\ -1.28 \\ 0.09 \\ -8.34 \end{bmatrix}$$

(2) $\delta X_2 = M_m^- \alpha^T P_{\Delta h} \Delta h = (0.32 \quad -0.21 \quad -0.10)^T$

$\delta X_1 = \beta P_{\Delta h} \Delta h = (-5.9 \quad 1.12)^T$

(3) $Q_{\delta X_1 \delta X_1} = \begin{bmatrix} 1.063 & 0.467 \\ 0.467 & 1.634 \end{bmatrix}$ $Q_{\delta X_1 \delta X_2} = \begin{bmatrix} 0.091 & -0.012 & -0.079 \\ -0.050 & -0.142 & 0.192 \end{bmatrix}$

$Q_{\delta X_2 \delta X_2} = \begin{bmatrix} 0.284 & -0.105 & -0.179 \\ -0.105 & 0.366 & -0.262 \\ -0.179 & -0.262 & 0.440 \end{bmatrix}$

$\hat{\sigma}_0^2 = 2.08$

(4) 各点高程变化量及其标准差计算

结果见表 2-19。

表 2-19　　　　　　　　各点高程变化量及其中误差

点名	A	B	C	D	E
δx(cm)	-0.22	0.32	-0.10	1.12	-5.99
$\hat{\sigma}_{\delta x}$	0.87	0.77	0.96	1.85	1.49

对以上两种不同的基准平差结果进行比较可以看出：

(1) 以上两类平差求得的 V、$\hat{\sigma}_0^2$ 相同，这是最小二乘准则必然结果。

(2) 秩亏自由网平差方程变化量相对拟稳平差要均匀。拟稳平差中所选拟稳点高程变化量减小，突出变形点，其变形量较前者结果大。这一结果说明，如果在测区中的变形量变化较均匀，就应采用重心基准用秩亏自由网平差。如果拟稳点确实存在，采用重心基准将导致变形量的均匀分配而失真。采用拟稳基准就能相对正确判断各点的变形量。

(3) 上两种平差求得的 δx，均差一个常数 0.97，即将拟稳平差求得的 δx 加上 0.97，正好就是秩亏自由网平差的结果。这是两者(一维)的基准差。

用于变形分析的自由网平差是进行变形分析的关键，主要是结合选定的基准，排除误差的干扰，最优地确定其变形量。但是如何选取基准，分析网中各点的变形分布，所求出的变形量是否真实合理等，还需要运用统计假设检验的方法。有关变形分析中自由网平差的假设检验方法可参见文献[1]。

第 3 章 滤波与配置模型的平差

3.1 概　　述

在测量数据处理过程中,滤波被看做是一种利用含有误差的观测值求定参数的最佳估值方法。这种方法与最小二乘平差法的区别在于:最小二乘平差法是将全部待估参数都当做非随机量,或不考虑参数的随机性质,按照经典最小二乘原理求定参数的最佳估值;滤波则是把全部参数都作为正态随机量,按极大验后估计、最小方差估计或者广义最小二乘原理来求定参数的最佳估值。当已知参数的先验统计性质时,由于滤波考虑了这种性质,因此所得到的估值的精度比最小二乘平差估值更高。

需求定最佳估值的参数一般有两种:第一种是非随机的和先验统计性质未知的,或先验统计性质虽然已知,但在求估值时不予考虑的参数;第二种则是已知其先验统计性质,并且在求定其估值时考虑这种性质的参数。为了便于区别,一般将第一种参数仍称为参数,或称为"倾向参数",它也就是最小二乘平差中的"未知数",而第二种参数称之为"信号"。信号分为两类,一类是与观测向量建立了函数模型的信号,亦称为滤波信号,另一类是没有与观测向量建立函数模型的信号,叫做推估信号。本章用 S 表示滤波信号,而以 S' 表示推估信号。

"配置"也称之为"拟合推估",起源于根据最小二乘推估来内插和外推重力异常的课题。1969 年,克拉鲁普(T. Krarup)把推估重力异常的方法,发展为用不同类型的数据,例如重力异常、垂线偏差,去估计异常引力场中的任一元素,例如扰动位、大地水准面差距等,提出了最小二乘配置法(1973[11])。K. R. Koch(1977[12])、H. Wolf(1978[13])等对最小二乘配置进行了系统深入的研究。H. Moritz 提出的带系统参数的最小二乘配置方法及其在大地测量中的应用,进而导致几何位置和重力场的最小二乘联合求定,为整体大地测量奠定了理论基础。

最小二乘配置的函数模型为
$$L = AX + BY + \Delta \tag{3-1-1}$$
式中：A 为 $m \times t$ 系数矩阵，$Rk(A)=t$；X 为非随机参数向量，其维数为 $t \times 1$；
$$Y = \begin{bmatrix} S \\ S' \end{bmatrix} \tag{3-1-2}$$
式中：S 和 S' 为一随自变量 t（注意这里的变量 t 和前面维数 t 的区别）变化的随机函数向量，称为信号向量，S 是测站点信号向量，其维数为 m，S' 为未测点信号向量，可以是无限维的，现假定为 g 维。

Δ 为观测向量 L 的随机误差向量，Δ 和 L 都是 m 维，Δ 又称为噪声向量。

式（3-1-1）为线性函数模型，如果是非线性的模型，应将其线性化，变成线性模型。

最小二乘配置要讨论的问题是，用离散的观测向量 L 确定 $AX+BY$，也可以说是用解析式去拟合离散的观测向量 L，求出 X 和 Y 的估值 $\hat{X}$ 和 $\hat{Y}$。$AX+BY$ 包含系统部分 AX，它表示某一物理现象的一般趋势，称为倾向；随机部分 BY 表示物理现象连续的不规则波动，它是一个随 t 而连续变化的随机函数，这个随机函数不仅在观测点上存在（如 S），而且在非观测点上也存在（如 S'），与随机函数不同的是噪声 Δ，它仅存在于离散的观测点上。

如果 $B=0$ 或 $Y=0$，则式（3-1-1）变为参数平差模型
$$L = AX + \Delta \tag{3-1-3}$$
如果 $A=0$ 或 $X=0$，则式（3-1-1）变为
$$L = BY + \Delta \tag{3-1-4}$$
称为不带非随机参数的最小二乘配置模型，本书称为滤波和推估模型。

我们把确定非随机参数 X 的估值称为最小二乘平差，把确定观测点上的信号 S 的估值称为最小二乘滤波，把确定非观测点上的信号 S' 的估值称为最小二乘推估，可见最小二乘配置综合了最小二乘平差、滤波和推估。在这个意义上，我们可以说，最小二乘配置是一种广义平差法。

应当指出，模型（3-1-1）中的观测向量 L 中的各分量 $L_i(i=1,2,\cdots,m)$ 并不限于同类型的观测量，对于不同类型的观测量，只要相应的信号之间相关，也是可以的。

最小二乘配置的研究有两种途径：一种是把信号 S 和 S' 视为随机函数，从数理统计的观点进行研究，称为统计方法；一种是把最小二乘配置看成是具有核函数的 H 空间里的解析内插，从函数逼近论的观点进行研究，称为解析

方法。本章只讨论统计方法。

最小二乘配置的理论涉及许多领域,正如莫里兹在文献指出的,要完整地理解最小二乘配置,必须综合最小二乘平差、随机函数、函数逼近论、泛函分析(特别是具有核函数的 H 空间理论)、变分原理和旋转群空间理论等方面的知识。限于篇幅,本章不可能进行全面的讨论,仅讨论了统计方法,故本章定名为滤波与配置模型的平差。

3.2 最小二乘滤波与推估

滤波本来的含义是从接收的电磁波信号中消除各种噪声的干扰而提取信号。应用于一般数据处理中,滤波就是通过对一系列带有误差(噪声)的观测数据的适当处理而得到所求参数的最佳估值的方法。应用到测量中,它就是一种平差方法。在滤波问题中,把所有参数都看做随机变量,即在平差时要考虑随机参数的先验统计特性。

滤波与推估的数学模型为

$$L = BY + \Delta \tag{3-2-1}$$

式中:L 为观测值,Δ 为误差(噪声),B 为已知的系数阵,S 为观测点信号,S' 为计算点信号。

由式(3-2-1)可得

$$L = \begin{bmatrix} B_{n,u} & 0_{n,t} \end{bmatrix} \begin{bmatrix} S_{u,1} \\ S'_{t,1} \end{bmatrix} + \Delta \tag{3-2-2}$$

式中:信号 $Y = \begin{bmatrix} S \\ S' \end{bmatrix}$ 为随机参数向量。

已知 Y 和 Δ 有以下统计性质:

Y 的先验数学期望为

$$E(Y) = E\left(\begin{bmatrix} S \\ S' \end{bmatrix}\right) = \begin{bmatrix} \mu_S \\ \mu_{S'} \end{bmatrix}$$

Y 的先验方差为

$$D_{YY} = \begin{bmatrix} D_{SS} & D_{SS'} \\ D_{S'S} & D_{S'S'} \end{bmatrix}$$

式中:D_{SS} 和 $D_{S'S'}$ 分别表示 S 和 S' 的自协方差阵,$D_{SS'} = D_{S'S}^{\mathrm{T}}$,表示 S 与 S' 的互协方差阵。

Δ 的数学期望为
$$E(\Delta) = 0$$
Δ 的方差为 $D_{\Delta\Delta}$。

为简单起见,设信号与噪声之间是互相独立的,故有
$$D_{Y\Delta} = D_{\Delta Y} = 0$$

由公式(3-2-1)可得
$$E(L) = BE(Y) + E(\Delta) = BE(Y) \tag{3-2-3}$$

将公式(3-2-1)两端同减去 $E(L)$,并顾及式(3-2-3),则有
$$L - E(L) = B(Y - E(Y)) + \Delta \tag{3-2-4}$$

再设
$$\Delta L = L - E(L) \tag{3-2-5}$$
$$\Delta Y = Y - E(Y) \tag{3-2-6}$$

并设 ΔY 的估值为 $\Delta \hat{Y}$,Δ 的估值为 $-V$,Y 的估值为 $\hat{Y}$,则由式(3-2-4)知,估值 $\Delta \hat{Y}$ 和 V 应满足条件
$$B\Delta \hat{Y} - V - \Delta L = 0 \tag{3-2-7}$$

按最小二乘法原理,考虑到 $\Delta \hat{Y}$ 也是随机变量,可将 Y 的先验期望 μ_Y 当做与观测值 L 互相独立的虚拟观测值,则应当满足
$$V^T P_{\Delta\Delta} V + \Delta \hat{Y}^T P_{YY} \Delta \hat{Y} = \min \tag{3-2-8}$$

式中:$P_{\Delta\Delta}$ 和 P_{YY} 分别是 Δ 和 Y 的权阵,当取 $\sigma_0^2 = 1$ 时,有
$$P_{\Delta\Delta} = D_{\Delta\Delta}^{-1} \tag{3-2-9}$$
$$P_{YY} = D_{YY}^{-1} \tag{3-2-10}$$

在式(3-2-8)的原则下,满足式(3-2-7),则可组成新的函数
$$\Phi = V^T P_{\Delta\Delta} V + \Delta \hat{Y}^T P_{YY} \Delta \hat{Y} - 2K^T(B\Delta\hat{Y} - V - \Delta L) = \min$$

取
$$\frac{\partial \Phi}{\partial \Delta \hat{Y}} = 2\Delta \hat{Y}^T P_{YY} - 2K^T B = 0 \tag{3-2-11}$$

$$\frac{\partial \Phi}{\partial V} = 2V^T P_{\Delta\Delta} + 2K^T = 0 \tag{3-2-12}$$

由式(3-2-12)可得
$$K = -P_{\Delta\Delta} V$$

将 K 代入式(3-2-11),并顾及式(3-2-6),有

第 3 章 滤波与配置模型的平差

$$P_{YY}(\hat{Y} - E(Y)) + B^T P_{\Delta\Delta} V = 0$$

由上式并顾及式(3-2-9),可得

$$\hat{Y} = E(Y) - D_{YY} B^T P_{\Delta\Delta} V \tag{3-2-13}$$

由公式(3-2-1)并顾及上式及式(3-2-3),可得

$$V = B\hat{Y} - L = B(E(Y) - D_{YY} B^T P_{\Delta\Delta} V) - L = E(L) - L - BD_{YY} B^T P_{\Delta\Delta} V$$

由上式可得

$$E(L) - L = D_{\Delta\Delta} P_{\Delta\Delta} V + BD_{YY} B P_{\Delta\Delta} V = (D_{\Delta\Delta} + BD_{YY} B^T) P_{\Delta\Delta} V$$

上式左乘 $P_{\Delta\Delta}^{-1}(D_{\Delta\Delta} + BD_{YY} B^T)^{-1}$,可得

$$V = -P_{\Delta\Delta}^{-1}(D_{\Delta\Delta} + BD_{YY} B^T)^{-1}(L - E(L))$$

顾及上式,可由式(3-2-13)得

$$\hat{Y} = E(Y) + D_{YY} B^T (D_{\Delta\Delta} + BD_{YY} B^T)^{-1}(L - E(L)) \tag{3-2-14}$$

展开上式,有

$$\begin{bmatrix} \hat{S} \\ \hat{S}' \end{bmatrix} = \begin{bmatrix} \mu_S \\ \mu_{S'} \end{bmatrix} + \begin{bmatrix} D_{SS} B^T (D_{\Delta\Delta} + BD_{SS} B^T)^{-1}(L - E(L)) \\ D_{S'S} B^T (D_{\Delta\Delta} + BD_{SS} B^T)^{-1}(L - E(L)) \end{bmatrix}$$

即有

$$\hat{S} = \mu_S + D_{SS} B^T (D_{\Delta\Delta} + BD_{SS} B^T)^{-1}(L - E(L)) \tag{3-2-15}$$

$$\hat{S}' = \mu_{S'} + D_{S'S} B^T (D_{\Delta\Delta} + BD_{SS} B^T)^{-1}(L - E(L)) \tag{3-2-16}$$

式中:

$$E(L) = BE(Y) = B \begin{bmatrix} \mu_S \\ \mu_{S'} \end{bmatrix} \tag{3-2-17}$$

式(3-2-15)和式(3-2-16)分别为最小二乘滤波公式和最小二乘推估公式。

当 $\mu_S = 0, \mu_{S'} = 0, E(L) = 0, B = I$ 时,分别由以上二式可得

$$\hat{S} = D_{SS}(D_{\Delta\Delta} + D_{SS})^{-1} L \tag{3-2-18}$$

$$\hat{S}' = D_{S'S}(D_{\Delta\Delta} + D_{SS})^{-1} L \tag{3-2-19}$$

若考虑信号与噪声之间的相关性,即 $D_{S\Delta} = D_{\Delta S}^T \neq 0$,则式(3-2-14)变为[3]

$$\hat{S} = \mu_S + (D_{SS} B^T + D_{S\Delta})(D_{\Delta\Delta} + BD_{S\Delta} + D_{\Delta S} B^T + BD_{SS} B^T)^{-1}(L - B\mu_S) \tag{3-2-20}$$

$$\hat{S}' = \mu_{S'} + (D_{S'S} B^T + D_{S'\Delta})(D_{\Delta\Delta} + BD_{S\Delta} + D_{\Delta S} B^T + BD_{SS} B^T)^{-1}(L - B\mu_S) \tag{3-2-21}$$

例 3.1 设观测方程为 $\begin{bmatrix} L_1 \\ L_2 \end{bmatrix} = \begin{bmatrix} -1 & -1 \\ -1 & 0 \end{bmatrix} \begin{bmatrix} Y_1 \\ Y_2 \end{bmatrix} + \begin{bmatrix} \Delta_1 \\ \Delta_2 \end{bmatrix}$,已知 $L = \begin{bmatrix} 1 \\ 1 \end{bmatrix}$,

$\mu_Y = \begin{bmatrix} 0 \\ 0 \end{bmatrix}, D_Y = \begin{bmatrix} 2 & 0 \\ 0 & 2 \end{bmatrix}, D_\Delta = \begin{bmatrix} 2 & 0 \\ 0 & 2 \end{bmatrix}, D_{Y\Delta} = \begin{bmatrix} 0 & -1 \\ 0 & 0 \end{bmatrix}$,求信号 Y 的估值 $\hat{Y}$。

解 $B = \begin{bmatrix} -1 & -1 \\ -1 & 0 \end{bmatrix}$

$$D_{YY} B^T + D_{Y\Delta} = \begin{bmatrix} 2 & 0 \\ 0 & 2 \end{bmatrix} \begin{bmatrix} -1 & -1 \\ -1 & 0 \end{bmatrix}^T + \begin{bmatrix} 0 & -1 \\ 0 & 0 \end{bmatrix} = \begin{bmatrix} -2 & -3 \\ -2 & 0 \end{bmatrix}$$

$$D_{\Delta\Delta} + B D_{Y\Delta} + D_{\Delta Y} B^T + B D_{YY} B^T$$

$$= \begin{bmatrix} 2 & 0 \\ 0 & 2 \end{bmatrix} + \begin{bmatrix} -1 & -1 \\ -1 & 0 \end{bmatrix} \begin{bmatrix} 0 & 0 \\ -1 & 0 \end{bmatrix} + \begin{bmatrix} 0 & 0 \\ -1 & 0 \end{bmatrix} \begin{bmatrix} -1 & -1 \\ -1 & 0 \end{bmatrix}^T +$$

$$\begin{bmatrix} -1 & -1 \\ -1 & 0 \end{bmatrix} \begin{bmatrix} 2 & 0 \\ 0 & 2 \end{bmatrix} \begin{bmatrix} -1 & -1 \\ -1 & 0 \end{bmatrix}^T = \begin{bmatrix} 6 & 3 \\ 3 & 6 \end{bmatrix}$$

$$(D_{\Delta\Delta} + B D_{Y\Delta} + D_{\Delta X} B^T + B D_{YY} B^T)^{-1} = \begin{bmatrix} 6 & 3 \\ 3 & 6 \end{bmatrix}^{-1} = \frac{1}{9} \begin{bmatrix} 2 & -1 \\ -1 & 2 \end{bmatrix}$$

$$\hat{Y} = \mu_Y + (D_{YY} B^T + D_{Y\Delta})(D_{\Delta\Delta} + B D_{Y\Delta} + D_{\Delta X} B^T + B D_{YY} B^T)^{-1}(L - B\mu_Y) = \begin{bmatrix} -\frac{5}{9} \\ -\frac{2}{9} \end{bmatrix}$$

3.3 协方差函数及其估计

在上一节的滤波与推估中,观测点信号 S,计算点信号 S' 的先验方差-协方差在平差前应是已知的,这是滤波与推估模型区别于经典平差模型的主要特征。

信号是随机向量,是由一族随机变量构成的。如果这族随机变量不随时间或其他因素而变化,那么信号协方差阵估计与观测向量协方差阵的估计类似,即方差-协方差的估计公式为

$$\hat{\sigma}_{S_i}^2 = \sum_{i=1}^{n} \Delta_{S_i}^2 / n \quad (3\text{-}3\text{-}1)$$

$$\hat{\sigma}_{S_i S_j} = \sum_{i=1}^{n} \Delta_{S_i} \Delta_{S_j} / n \quad (3\text{-}3\text{-}2)$$

但在测量实际问题中,信号向量通常是由一族互相关联的随时间或其他因素

(如位置等)而变化的随机变量所构成的,并具有如下统计特征:

(1)随机变量 $X(t)$ 的数学期望不随时间变化而变化,即不同时刻随机变量的数学期望相同:

$$E(X(t)) = \mu_X(t) = \mu_X = 常数 \qquad (3\text{-}3\text{-}3)$$

(2)信号向量中不同时刻的两个随机变量的协方差仅与时间间隔有关,而与时间起点无关,其表达式为

$$D_X(t, t+\tau) = D_X(\tau) \qquad (3\text{-}3\text{-}4)$$

即协方差是时间的函数,具有这种性质的协方差称为协方差函数。

信号向量的这种统计特征,在理论上可用平稳随机过程来描述。

下面仅介绍一种协方差函数的估计方法,并通过例子予以说明。

例 3.2 沿 A、B 连线在 A、1、2、3、4 等五个点测定大气温度,得到了 18 组观测值 x_{ij},其结果列于表 3-1,已知各点的距离 $S_{Aj}(j=1,2,3,4)$ 分别为

4.511, 10.747, 16.753, 22.220(km)

假定 AB 连线上的大气温度是一个以各点至 A 的距离 S 为因素的平稳随机过程,试估计此随机过程的协方差函数。

表 3-1　　　　　　　　　　大气温度观测值

序号\测站	A	1	2	3	4
1	16.4	15.9	16.3	15.8	15.4
2	16.3	16.1	16.2	15.9	15.5
3	16.8	16.4	15.9	16.3	16.3
4	16.6	16.2	16.3	16.2	16.3
5	16.8	16.7	16.1	16.2	16.3
6	16.6	16.6	16.4	16.6	16.6
7	16.7	16.6	17.0	16.3	16.2
8	16.8	16.5	16.9	16.5	15.9
9	16.9	16.4	16.1	16.6	16.2
10	16.1	16.6	16.2	17.1	17.0
11	16.5	16.7	16.7	16.8	16.5
12	17.1	16.6	16.6	16.8	16.7
13	16.8	16.6	16.8	17.1	17.0
14	17.0	16.6	16.7	16.9	17.0
15	17.1	16.6	16.7	16.9	17.0
16	16.2	16.0	16.3	16.5	16.4
17	16.1	15.9	16.2	16.4	16.4
18	16.1	15.9	16.0	16.1	16.5

解

(1)按式(3-3-1)、式(3-3-2)估计 A、1、2、3、4 五个测站的大气温度的方差和协方差,例如:

$$\sigma_{X_A}^2 = \frac{1}{18}\sum_{i=1}^{18}\Delta_{A_i}^2 = \frac{1}{18}\sum_{i=1}^{18}(x_{A_i}-\bar{x}_A)^2 = 0.1168$$

$$\sigma_{X_1}^2 = \frac{1}{18}\sum_{i=1}^{18}\Delta_{1_i}^2 = \frac{1}{18}\sum_{i=1}^{18}(x_{1_i}-\bar{x}_1)^2 = 0.1362$$

$$\sigma_{X_A X_1} = \frac{1}{18}\sum_{i=1}^{18}\Delta_{A_i}\Delta_{1_i} = 0.0958$$

式中:$\bar{x}_A$ 为 x_{A_i} 的 18 个观测值的平均值。方差、协方差估值计算结果如下,其协方差阵用 $D_X{}'$ 表示:

$$D_X{}' = \begin{bmatrix} \sigma_{AA} & \sigma_{A1} & \sigma_{A2} & \sigma_{A3} & \sigma_{A4} \\ & \sigma_{11} & \sigma_{12} & \sigma_{13} & \sigma_{14} \\ & & \sigma_{22} & \sigma_{23} & \sigma_{24} \\ 对 & & & \sigma_{33} & \sigma_{34} \\ 称 & & & & \sigma_{44} \end{bmatrix} = \begin{bmatrix} 0.1168 & 0.0958 & 0.0506 & 0.0466 & 0.0394 \\ & 0.1362 & 0.0705 & 0.1023 & 0.1047 \\ & & 0.1073 & 0.0567 & 0.0346 \\ 对 & & & 0.1529 & 0.1561 \\ 称 & & & & 0.2203 \end{bmatrix}$$

式中:σ_{ij} 表示 x_i 和 x_j 的协方差,σ_{ii} 表示 x_i 和 x_i 的协方差,即 x_i 的方差。

(2)以上所计算的 $D_X{}'$,尚未顾及信号协方差的统计性质,见式(3-3-4)。为了计算协方差函数,考虑此例的随机变量(大气温度)之间的协方差是距离的函数,设其协方差函数为

$$D(S_{ij}) = b_0 + b_1 S_{ij} + b_2 S_{ij}^2 + b_3 S_{ij}^3 + b_4 S_{ij}^4 \tag{3-3-5}$$

$D(S_{ij})$ 的观测值即 $D_X{}'$ 中的 15 个协方差值。其中对角线元素均为 $S_{ij}=0$ 时的协方差观测值,例如 $\sigma_{A1} = 0.0958$ 就是 $D'(10.747-4.511) = D'(6.236)$;$\sigma_{12} = D'(16.753-10.747) = D'(6.006) = 0.0705$。

(3)将 $D(S_{ij}) = D'(S_{ij}) + v_{s_{ij}}$ 代入式(3-3-5),即可由 15 个观测方程按最小二乘原理计算系数 b_0、b_1、b_2、b_3、b_4 之值。

(4)将 b_j 代入式(3-3-5),即得此例大气温度的协方差函数,计算结果为

$$D(S_{ij}) = 0.14683 - 0.007689 S_{ij} - 0.286863 S_{ij}^2 + 0.278124 S_{ij}^3 - 0.070759 S_{ij}^4 \tag{3-3-6}$$

(5)最后求得上述五个测站上大气温度的协方差阵为

第 3 章 滤波与配置模型的平差

$$D_X = \begin{bmatrix} 0.1468 & 0.1076 & 0.0581 & 0.0792 & 0.0398 \\ & 0.1468 & 0.0872 & 0.0589 & 0.0823 \\ & & 0.1468 & 0.0898 & 0.0578 \\ & 对 & & 0.1468 & 0.0960 \\ & & 称 & & 0.1468 \end{bmatrix} \quad (3\text{-}3\text{-}7)$$

顺便指出,协方差函数的模型可由实际问题选择确定,本例选取的是多项式,通常还可选用指数形式,如可采用高斯曲线函数式为

$$D(\tau) = D(0)\exp\{-k^2\tau^2\} \quad (3\text{-}3\text{-}8)$$

例如描述美国俄亥俄地区的重力异常协方差函数公式由希尔沃年导出为

$$D(s) = D(0) \bigg/ (1 + \frac{s^2}{d^2}) \quad (3\text{-}3\text{-}9)$$

称为希尔沃年公式。

例 3.3 已知 A、B 两点间的距离 $d=23$ 公里,沿 AB 连线在 A、1、2、3、4 等五个点上测定大气温度。气温观测值 L_i 及各点到 A 点的距离列入表 3-2 中。

表 3-2

点	A	1	2	3	4	B
$L_i(℃)$	19.0	20.1	18.7	19.2	19.8	
$d(\text{km})$	0	4.511	10.747	16.753	22.220	23.000

如果不考虑已知点的观测误差(即 $D_{\Delta\Delta}=0$),试推估 B 点的大气温度 t_B。

解 对于本例,数学模型为

$$\underset{5\times1}{L} = \begin{bmatrix} I_{5\times5} & 0_{5\times1} \end{bmatrix} \begin{bmatrix} t_{5\times1} \\ t_B \\ 1\times1 \end{bmatrix} + \underset{5\times1}{\Delta}$$

式中:

$$L = \begin{bmatrix} 19.0 \\ 20.1 \\ 18.7 \\ 19.2 \\ 19.8 \end{bmatrix}, \quad t = \begin{bmatrix} t_A \\ t_1 \\ t_2 \\ t_3 \\ t_4 \end{bmatrix}$$

顾及 $B=I$,$D_{\Delta\Delta}=0$,由式(3-2-15)可得

$$\hat{t}_B = \mu_{t_B} + D_{t_B,t}D_{tt}^{-1}(L-E(L)) \tag{3-3-10}$$

(1)计算 μ_{t_B}

本例的观测值和信号均表示大气温度,它们有相同的数学期望,但不会是零。设大气温度是具有各态历经性质的平稳随机函数,信号的先验期望可由观测值取平均来估计,即

$$E(t_A) = E(t_1) = E(t_2) = E(t_3) = E(t_4) = E(t_B) = \mu_{t_B} = \frac{1}{5}\sum L = 19.36$$

(2)任意两点间的协方差函数,由式(3-3-6)计算的式(3-3-7)得出,即

$$D_{tt} = \begin{bmatrix} 0.1468 & 0.1076 & 0.0581 & 0.0792 & 0.0398 \\ & 0.1468 & 0.0872 & 0.0598 & 0.0823 \\ 对 & & 0.1468 & 0.0898 & 0.0578 \\ & & & 0.1468 & 0.0960 \\ & 称 & & & 0.1468 \end{bmatrix}$$

信号 t_B 与 t_i 的协方差阵也即 t_B 与 t_i 之间的距离由式(3-3-6)算得:

$$D_{t_B,t} = (0.015448 \quad 0.082963 \quad 0.058869 \quad 0.087106 \quad 0.144614)$$

而

$$D_{t_B,t}D_{tt}^{-1} = (-0.965 \quad 1.025 \quad -0.405 \quad 0.713 \quad 0.366)$$

(3) 计算 $L-E(L)$

由本例的数学模型知

$$E(L) = E(t) = E\begin{bmatrix} t_B \\ t_1 \\ t_2 \\ t_3 \\ t_4 \end{bmatrix} = \begin{bmatrix} 19.36 \\ 19.36 \\ 19.36 \\ 19.36 \\ 19.36 \end{bmatrix}$$

则

$$L-E(L) = \begin{bmatrix} 19.0 \\ 20.1 \\ 18.7 \\ 19.2 \\ 19.8 \end{bmatrix} - \begin{bmatrix} 19.36 \\ 19.36 \\ 19.36 \\ 19.36 \\ 19.36 \end{bmatrix} = \begin{bmatrix} -0.36 \\ 0.74 \\ -0.66 \\ -0.16 \\ 0.44 \end{bmatrix}$$

(4) 计算 $\hat{t}_B$

$$\hat{t}_B = \mu_{t_B} + D_{t_B,t}D_{tt}^{-1}(L-E(L))$$

第 3 章 滤波与配置模型的平差

$$= 19.36 + (-0.965 \quad 1.025 \quad -0.405 \quad 0.713 \quad 0.366) \begin{bmatrix} -0.36 \\ 0.74 \\ -0.66 \\ -0.16 \\ 0.44 \end{bmatrix}$$

$= 20.78℃$

3.4 最小二乘配置

最小二乘配置问题中,既含有参数,也包含信号,故其数学模型为
$$L = AX + BY + \Delta \tag{3-4-1}$$
式中:X 为参数,Y 为信号,A 和 B 为已知的系数阵,L 为观测值,Δ 为噪声(误差)。$Y = \begin{bmatrix} S \\ S' \end{bmatrix}$,$S$ 为观测点信号,S' 为计算点信号。

这个数学模型与滤波模型的不同之处在于:这里增加了参数线性化部分 AX,除了要求出信号的估值外,还要求出参数的估值。

已知 S 的先验数学期望为 $E(S) = \mu_S = 0$,S' 的先验数学期望为 $E(S') = \mu_{S'} = 0$,Δ 的先验数学期望为 $E(\Delta) = 0$,Δ 的先验方差为 $D_{\Delta\Delta}$。

同样不考虑信号与噪声之间的相关性,则 S 对 Δ 以及 S' 对 Δ 的协方差分别为
$$D_{S\Delta} = 0$$
$$D_{S'\Delta} = 0$$

Y 的协方差阵为
$$D_{YY} = \begin{bmatrix} D_{SS} & D_{SS'} \\ D_{S'S} & D_{S'S'} \end{bmatrix}$$

由公式(3-4-1)可得
$$E(L) = AE(X) + BE(Y) + E(\Delta) = AE(X) = A\widetilde{X}$$
顾及上式及公式(3-4-1),由协方差阵定义可得
$$D_{LL} = E\{(L - E(L))(L - E(L))^T\} = E\{(L - AE(X))(L - AE(X))^T\}$$
$$= E\{(BY + \Delta)(BY + \Delta)^T\} = E\{(BY + \Delta)(Y^T B^T + \Delta^T)\}$$
$$= E\{BYY^T B^T + BY\Delta^T + \Delta Y^T B^T + \Delta\Delta^T\} \tag{3-4-2}$$
$$= BE(YY^T)B^T + BE(Y\Delta^T) + E(\Delta Y^T)B^T + E(\Delta\Delta^T)$$
$$= BD_{YY}B^T + BD_{Y\Delta} + D_{\Delta Y}B^T + D_{\Delta\Delta} = D_{\Delta\Delta} + BD_{YY}B^T$$

类似于推导滤波公式,设 X,Y 和 Δ 的估值分别为 $\hat{X},\hat{Y}$ 和 $-V$,则可由公式(3-4-1)得

$$V = A\hat{X} + B\hat{Y} - L \tag{3-4-3}$$

由于 X 是非随机参数,故最小二乘原理与滤波相同,即

$$V^{\mathrm{T}} P_{\Delta\Delta} V + \hat{Y}^{\mathrm{T}} P_{YY} \hat{Y} = \min \tag{3-4-4}$$

式中:$P_{\Delta\Delta}$ 和 P_{YY} 分别是 Δ 和 Y 的权阵。在式(3-4-4)要求下,求满足条件式(3-4-3)的极值,组成新函数

$$\Phi = V^{\mathrm{T}} P_{\Delta\Delta} V + \hat{Y}^{\mathrm{T}} P_{YY} \hat{Y} - 2K^{\mathrm{T}}(A\hat{X} + B\hat{Y} - V - L) = \min$$

取

$$\frac{\partial \Phi}{\partial \hat{X}} = -2K^{\mathrm{T}} A = 0$$

$$\frac{\partial \Phi}{\partial \hat{Y}} = 2\hat{Y}^{\mathrm{T}} P_{YY} - 2K^{\mathrm{T}} B = 0$$

$$\frac{\partial \Phi}{\partial V} = 2V^{\mathrm{T}} P_{\Delta\Delta} + 2K^{\mathrm{T}} = 0$$

可得

$$A^{\mathrm{T}} K = 0 \tag{3-4-5}$$

$$P_{YY} \hat{Y} = B^{\mathrm{T}} K \tag{3-4-6}$$

$$K = -P_{\Delta\Delta} V \tag{3-4-7}$$

设 $\sigma_0 = 1$,则分别由公式(3-4-7)及(3-4-6)可得

$$V = -D_{\Delta\Delta} K \tag{3-4-8}$$

$$\hat{Y} = D_{YY} B^{\mathrm{T}} K \tag{3-4-9}$$

将以上两式代入式(3-4-3),有

$$A\hat{X} + (D_{\Delta\Delta} + B D_{YY} B^{\mathrm{T}}) K - L = 0$$

顾及式(3-4-2),上式为

$$A\hat{X} + D_{LL} K - L = 0 \tag{3-4-10}$$

将上式左乘 $A^{\mathrm{T}} D_{LL}^{-1}$,并顾及式(3-4-5),可得

$$\hat{X} = (A^{\mathrm{T}} D_{LL}^{-1} A)^{-1} A^{\mathrm{T}} D_{LL}^{-1} L \tag{3-4-11}$$

上式即为配置问题中求非随机参数估值的公式。

由式(3-4-10)可求得

$$K = D_{LL}^{-1}(L - A\hat{X})$$

将上式分别代入公式(3-4-8)及(3-4-9)，可得

$$V = -D_{\Delta\Delta}D_{LL}^{-1}(L - A\hat{X}) \tag{3-4-12}$$

$$\hat{Y} = D_{YY}B^{T}D_{LL}^{-1}(L - A\hat{X}) \tag{3-4-13}$$

展开上式，有

$$\hat{S} = D_{SS}B^{T}D_{LL}^{-1}(L - A\hat{X}) \tag{3-4-14}$$

$$\hat{S}' = D_{S'S}B^{T}D_{LL}^{-1}(L - A\hat{X}) \tag{3-4-15}$$

以上两式即为配置问题中求信号估值公式。将它们与滤波公式(3-2-18)及公式(3-2-19)相比较可以看出，当 $\hat{X}=0$，并顾及公式 $B=I$ 和 $D_{\Delta\Delta}+BD_{SS}B^{T}=D_{LL}$ 时，它们完全一样。这说明最小二乘滤波与推估是最小二乘配置的特殊情况。又从式(3-4-11)可知它是经典间接平差求未知参数公式。可见经典最小二乘平差也是最小二乘配置的特殊情况。因此，最小二乘配置是一种综合了经典最小二乘平差、滤波、推估的广义参数估计方法。

在更通用的情况下，S 的先验数学期望 $E(S)=\mu_{S}\neq 0$，S' 的先验数学期望 $E(S')=\mu_{S'}\neq 0$，且考虑信号与噪声之间的相关性，即 $D_{S\Delta}\neq 0$，此时通用的配置公式为[3]：

$$\hat{X} = \{A^{T}(BD_{SS}B^{T} + D_{\Delta\Delta} + BD_{S\Delta} + D_{\Delta S}B^{T})^{-1}A\}^{-1}$$
$$A^{T}(BD_{SS}B^{T} + D_{\Delta\Delta} + BD_{S\Delta} + D_{\Delta S}B^{T})^{-1}(L - B\mu_{S}) \tag{3-4-16}$$

$$\hat{S} = \mu_{S} + (D_{SS}B^{T} + D_{S\Delta})(BD_{SS}B^{T} + D_{\Delta\Delta} + BD_{S\Delta} + D_{\Delta S}B^{T})^{-1}$$
$$(L - A\hat{X} - B\mu_{S}) \tag{3-4-17}$$

$$\hat{S}' = \mu_{S'} + (D_{S'S}B^{T} + D_{S'\Delta})(BD_{SS}B^{T} + D_{\Delta\Delta} + BD_{S\Delta} + D_{\Delta S}B^{T})^{-1}$$
$$(L - A\hat{X} - B\mu_{S}) \tag{3-4-18}$$

求估值的方差(误差方差)公式为

$$D_{\hat{X}} = \{A^{T}(BD_{SS}B^{T} + D_{\Delta\Delta} + BD_{S\Delta} + D_{\Delta S}B^{T})^{-1}A\}^{-1} \tag{3-4-19}$$

$$D_{\hat{S}} = D_{SS} - (D_{SS}B^{T} + D_{S\Delta})(BD_{SS}B^{T} + D_{\Delta\Delta} + BD_{S\Delta} + D_{\Delta S}B^{T})^{-1} \cdot$$
$$\{E - AD_{\hat{X}}A^{T}(BD_{SS}B^{T} + D_{\Delta\Delta} + BD_{S\Delta} + D_{\Delta S}B^{T})^{-1}\} \cdot$$
$$(D_{\Delta S} + BD_{SS}) \tag{3-4-20}$$

$$D_{\hat{S}'} = D_{S'S'} - (D_{S'S}B^{T} + D_{S'\Delta})(BD_{SS}B^{T} + D_{\Delta\Delta} + BD_{S\Delta} + D_{\Delta S}B^{T})^{-1} \cdot$$
$$\{E - AD_{\hat{X}}A^{T}(BD_{SS}B^{T} + D_{\Delta\Delta} + BD_{S\Delta} + D_{\Delta S}B^{T})^{-1}\} \cdot$$
$$(D_{\Delta S'} + BD_{SS'}) \tag{3-4-21}$$

特殊地，当函数中不存在倾向参数，即 $A=0$ 时，相应的精度评定公式为

$$D_{\hat{S}} = D_{SS} - (D_{SS}B^T + D_{S\Delta})(BD_{SS}B^T + D_{\Delta\Delta} + BD_{S\Delta} + D_{\Delta S}B^T)^{-1}(D_{\Delta S} + BD_S)$$
(3-4-22)

$$D_{\hat{S'}} = D_{S'S'} - (D_{S'S}B^T + D_{S'\Delta})(BD_{SS}B^T + D_{\Delta\Delta} + BD_{S\Delta} + D_{\Delta S}B^T)^{-1}(D_{\Delta S'} + BD_{SS'})$$
(3-4-23)

配置问题的先验单位权方差假定为 $\sigma_0^2 = 1$,所以噪声的协因数 Q_Δ 就等于其方差 $Q_{\Delta\Delta}$,信号 S 的先验协因数 Q_S 也就等于 D_S。对于单位权方差 σ_0^2 的验后估计 $\hat{\sigma}_0^2$,可通过平差后的 L 的观测值的改正数 V 和虚拟观测值 L_S 的改正数 V_S 进行计算,其详细推导过程参见文献[3]2.5 节,这里只给出最后的估计公式。

$$\hat{\sigma}_0^2 = \frac{V^T P_\Delta V + V_S^T P_S V_S}{n - t_S}$$
(3-4-24)

式中: t_S 为计算点信号 S 的个数。

对于单纯的滤波问题,其单位权方差估值为

$$\hat{\sigma}_0^2 = \frac{V^T P_\Delta V + V_S^T P_S V_S}{n}$$
(3-4-25)

例 3.4 设观测方程为 $\begin{bmatrix} L_1 \\ L_2 \\ L_3 \end{bmatrix} = \begin{bmatrix} 0 \\ 1 \\ -1 \end{bmatrix} X + \begin{bmatrix} -1 & -1 \\ -1 & 0 \\ 0 & 1 \end{bmatrix} \begin{bmatrix} Y_1 \\ Y_2 \end{bmatrix} + \begin{bmatrix} \Delta_1 \\ \Delta_2 \\ \Delta_3 \end{bmatrix}$,已知

$L = \begin{bmatrix} 0 \\ 1 \\ -3 \end{bmatrix}, \mu_Y = \begin{bmatrix} 0 \\ 0 \end{bmatrix}, D_{YY} = \begin{bmatrix} 2 & 0 \\ 0 & 2 \end{bmatrix}, D_{\Delta\Delta} = \begin{bmatrix} 2 & 0 & 0 \\ 0 & 2 & 0 \\ 0 & 0 & 2 \end{bmatrix}, D_{Y\Delta} = \begin{bmatrix} -1 & 1 & 0 \\ 0 & 0 & 0 \end{bmatrix}$,求

参数 X 和信号 Y_1、Y_2 的估值。

解

$$(BD_{YY}B^T + D_{\Delta\Delta} + BD_{Y\Delta} + D_{\Delta Y}B^T)^{-1} = \begin{bmatrix} 8 & 2 & -2 \\ 2 & 2 & 0 \\ -2 & 0 & 4 \end{bmatrix}^{-1}$$

$$= \frac{1}{10}\begin{bmatrix} 2 & -2 & 1 \\ -2 & 7 & -1 \\ 1 & -1 & 3 \end{bmatrix}$$

$$D_{YY}B^T + D_{Y\Delta} = \begin{bmatrix} -3 & -1 & 0 \\ -2 & 0 & 2 \end{bmatrix}$$

按式(3-4-16),有

$$\hat{X} = \left\{ \begin{bmatrix} 0 & 1 & -1 \end{bmatrix} \times \frac{1}{10} \begin{bmatrix} 2 & -2 & 1 \\ -2 & 7 & -1 \\ 1 & -1 & 3 \end{bmatrix} \begin{bmatrix} 0 \\ 1 \\ -1 \end{bmatrix} \right\}^{-1}$$

$$\begin{bmatrix} 0 & 1 & -1 \end{bmatrix} \times \frac{1}{10} \begin{bmatrix} 2 & -2 & 1 \\ -2 & 7 & -1 \\ 1 & -1 & 3 \end{bmatrix} \begin{bmatrix} 0 \\ 1 \\ -3 \end{bmatrix} = \frac{5}{3}$$

按式(3-4-17),有

$$\hat{Y} = \begin{bmatrix} Y_1 \\ Y_2 \end{bmatrix} = \begin{bmatrix} -3 & -1 & 0 \\ -2 & 0 & 2 \end{bmatrix} \times \frac{1}{10} \begin{bmatrix} 2 & -2 & 1 \\ -2 & 7 & -1 \\ 1 & -1 & 3 \end{bmatrix} \left(\begin{bmatrix} 0 \\ 1 \\ -3 \end{bmatrix} - \begin{bmatrix} 0 \\ 1 \\ -1 \end{bmatrix} \times \frac{1}{3} \right) = \begin{bmatrix} \frac{1}{3} \\ \frac{2}{3} \end{bmatrix}$$

3.5 卡尔曼滤波

在静态滤波与配置问题中,当观测值的个数 n 很大时,先前为了解决高阶矩阵求逆的困难和计算机容量不够的问题,通常将观测向量分成若干部分,逐次进行计算,称之为静态逐次滤波与逐次配置。其处理思想与序贯平差类似。这种方法有一套规律性很强的递推公式,便于程序实现。但随着计算机处理能力的增强,静态逐次滤波与逐次配置已不成为研究的重点。相关内容可参见《广义测量平差》(新版)2.6 节:静态逐次滤波。

最佳线性滤波理论起源于 20 世纪 40 年代美国科学家 N. 维纳和前苏联科学家 H. 柯尔莫戈洛夫等人的研究工作,后人统称为维纳滤波理论。从理论上说,维纳滤波的最大缺点是必须用到无限过去的数据,不适用于实时处理。为了克服这一缺点,60 年代 R. E. 卡尔曼把状态空间模型引入滤波理论,并导出了一套递推估计算法,后人称之为卡尔曼滤波理论。卡尔曼滤波在数学上是一种统计估算方法,通过处理一系列带有误差的实际量测数据而得到的物理参数的最佳估算。其以最小均方误差为估计的最佳准则,来寻求一套递推估计的算法。其基本思想是:采用信号与噪声的状态空间模型,利用前一时刻的估计值和现在时刻的观测值来更新对状态变量的估计,求出现在时刻的估计值。它最大的特点是能够剔除随机干扰噪声,从而获取逼近真实情况的有用信息。本节将简要介绍离散线性系统的卡尔曼滤波。

3.5.1 卡尔曼滤波公式

所谓离散线性系统的卡尔曼滤波,就是利用观测向量 $L_1, L_2, \cdots, L_K$,由相应的状态方程及随机模型求 t_j 时刻状态向量 Y_j 的最佳估值。通常把 Y_j 的最佳估值记为 $Y(j/k)$。

离散线性系统卡尔曼滤波包含状态方程和观测方程,如果不考虑状态方程和观测方程中的非随机控制项,其状态方程和观测方程为:

$$X_{k+1} = \Phi_{k+1,k} X_k + \Gamma_{k+1,k} \Omega_k \quad (3\text{-}5\text{-}1)$$

$$L_{k+1} = B_{k+1} X_{k+1} + \Delta_{k+1} \quad (3\text{-}5\text{-}2)$$

式中:$X_{k+1}, L_{k+1}, \Delta_{k+1}$ 分别为 t_{k+1} 时刻的状态向量、观测向量和观测噪声;Ω_k 为 t_k 时刻的动态观测噪声。用标准的卡尔曼滤波进行数据处理时,视 Δ_{k+1}、Ω_k 为标准的高斯白噪声(相关内容可参见文献[3]中 3.3 节:离散线性系统的卡尔曼滤波),且

$$E(\Omega_k) = 0, \quad E(\Delta_k) = 0$$
$$\text{cov}(\Omega_k, \Omega_j) = D_\Omega(k)\delta_{kj}, \text{cov}(\Delta_k, \Delta_j) = D_\Delta(k)\delta_{ij}$$
$$\text{cov}(\Omega_k, \Delta_j) = 0, \quad E(X_0) = \mu_X(0), \text{var}(X_0) = D_X(0)$$
$$\text{cov}(X_0, \Omega_k) = 0, \quad \text{cov}(X_0, \Delta_k) = 0$$

式中:当 $j=k$ 时,$\delta_{kj}=1$;当 $j \neq k$ 时,$\delta_{kj}=0$。

其求解结果为[3]:

$$\hat{X}(k/k) = \hat{X}(k/k-1) + J_k[L_k - B_k \hat{X}(k/k-1)] \quad (3\text{-}5\text{-}3)$$

$$D_X(k/k) = (E - J_k B_k) D_X(k/k-1) \quad (3\text{-}5\text{-}4)$$

式中:E 为单位矩阵,且

$$\hat{X}(k/k-1) = \Phi_{k,k-1} \hat{X}(k-1/k-1) \quad (3\text{-}5\text{-}5)$$

$$D_X(k/k-1) = \Phi_{k,k-1} D_X(k-1/k-1) \Phi_{k,k-1}^T + \Gamma_{k,k-1} D_\Omega(k-1) \Gamma_{k,k-1}^T$$
$$(3\text{-}5\text{-}6)$$

$$J_k = D_X(k/k-1) B_k^T [B_k D_X(k/k-1) B_k^T + D_\Delta(k)]^{-1}$$
$$(3\text{-}5\text{-}7)$$

J_k 通常称为滤波增益矩阵。

卡尔曼滤波的求解结果是一组递推计算公式,其计算过程是一个不断预测、修正的过程,当得到新的观测数据时,即可求出新的滤波值,便于处理新观测结果,在求解过程中不需要存储大量的数据。在给定状态初值和噪声协方差时,由上述递推过程可得到状态变量的最佳估值。

3.5.2 算例

例 3.5 设状态方程和观测方程为

$$X_{k+1} = 0.5X_k + \Omega_k$$
$$L_{k+1} = X_{k+1} + \Delta_{k+1}$$

式中:X,L,Ω,Δ 都是标量,其随机模型是:

$$E(\Omega_k) = 0, E(\Delta_k) = 0, \quad E(X_0) = \hat{X}(0/0) = 0$$
$$\text{cov}(\Omega_k, \Omega_j) = 0, \text{cov}(\Delta_k, \Delta_j) = 0, \quad \text{cov}(\Omega_k, \Delta_j) = 0$$
$$\text{cov}(X_0, \Delta_k) = 0, \text{cov}(X_0, \Omega_k) = 0$$
$$D_\Delta(k) = 2, \quad D_\Omega(k) = 1, \quad D_X(0) = 1$$

又已知两次观测数据 $L_1 = 4, L_2 = 2$,试求 $\hat{X}(2/2)$ 和 $D_X(2/2)$。

解 按卡尔曼滤波方程(3-5-3)至(3-5-7)计算。

(1)计算一步预测值

$$\hat{X}(1/0) = \Phi_{1,0}\hat{X}(0/0) = 0$$
$$D_X(1/0) = \Phi_{1,0}D_X(0)\Phi_{1,0}^T + D_\Omega(0) = 0.5^2 + 1 = 1.25$$

(2)求增益矩阵 J_1

$$J_1 = D_X(1/0)B_1^T[B_1D_X(1/0)B_1^T + D_\Delta(1)]^{-1} = 1.25 \times (1.25+2)^{-1} = 0.385$$

(3)计算"新息" $\tilde{L}(1/0)$

$$\tilde{L}(1/0) = L_1 - B_1\hat{X}(1/0) = 4$$

(4)计算 $\hat{X}(1/1)$ 和 $D_X(1/1)$

$$\hat{X}(1/1) = \hat{X}(1/0) + J_1\tilde{L}(1/0) = 0 + 0.385 \times 4 = 1.54$$
$$D_X(1/1) = (1 - J_1B_1)D_X(1/0) = (1 - 0.385) \times 1.25 = 0.77$$

(5)依(1)-(4)的公式计算 $\hat{X}(2/1)$、$D_X(2/1)$、J_2、$\tilde{L}(2/1)$ 和 $\hat{X}(2/2)$、$D_X(2/2)$,得

$$\hat{X}(2/1) = \Phi_{2,1}\hat{X}(1/1) = 0.5 \times 1.54 = 0.77$$
$$D_X(2/1) = \Phi_{2,1}D_X(1/1)\Phi_{2,1}^T + D_\Omega(1) = 0.5^2 \times 0.77 + 1 = 1.19$$
$$J_2 = D_X(2/1)B_2^T[B_2D_X(2/1)B_2^T + D_\Delta(2)]^{-1} = 1.19 \times (1.19+2)^{-1} = 0.373$$
$$\tilde{L}(2/1) = L_2 - B_2\hat{X}(2/1) = 2 - 0.77 = 1.23$$
$$\hat{X}(2/2) = \hat{X}(2/1) + J_2\tilde{L}(2/1) = 0.77 + 0.373 \times 1.23 = 1.23$$
$$D_X(2/2) = (1 - J_2B_2)D_X(2/1) = (1 - 0.373) \times 1.19 = 0.75$$

3.6 卡尔曼滤波在测量中的应用

变形监测是监测变形体安全性的重要手段,其基本任务就是通过对变形

体的测量,获取其动态位移信息并进行分析、判断,对变形体安危状况作出预警。目前,随着 GPS 系统的不断完善和人们对其研究的不断深入,由 GPS 定位获取变形监测数据已成为一种趋势。在变形监测的数据处理中,传统方法是建立回归动态模型,在分期单独平差的基础之上采用多元回归法或时间序列分析法进行处理。这种分开来处理的办法不仅会由于模型不准确而使预测精度表面上很高,但实际误差较大,而且不能较好地实时反映变形的动态特性。

卡尔曼滤波是目前动态变形监测、分析及预报数据处理的常用方法。在 GPS 变形监测中,如果将变形体视为一个动态系统,将一组观测值作为系统的输出,那么,卡尔曼滤波就可以用来描述这个变形体的运动情况。一般地,动态系统由状态方程和观测方程描述。在 GPS 变形监测中,用离散性卡尔曼滤波模型来描述系统的状态,以监测点的位置、速率和加速率参数为状态向量,状态方程中再加进系统的动态噪声,这就构造了一个典型的运动模型。卡尔曼滤波的优点是无需保留用过的观测值序列,按照一套递推算法,把参数估计和预报有机地结合起来。除观测值的随机模型外,动态噪声向量的协方差阵估计和初始周期状态向量及其协方差阵的确定值得注意。采用自适应卡尔曼滤波可较好地解决动态噪声协方差的实时估计问题。卡尔曼滤波特别适合滑坡监测数据的动态处理;也可用于静态点场、似静态点场在周期的观测中显著性变化的点的检验识别。

本节以 GPS 变形监测数据处理为例,讲述离散性卡尔曼滤波在测量数据处理中的应用,着重讲述离散性卡尔曼滤波模型的建立过程。

设 GPS 变形监测网由 n 个监测点组成,以 GPS 点三维位置和三维速率为状态向量,设点 i 在时刻 t 的位置向量为 $\xi_i(t)$,其瞬时速率为 $\lambda_i(t)$,而将瞬时加速率 $\Omega_i(t)$ 看做一种随机干扰。

记 i 点的状态向量为 $X_i(t)$,全网的状态向量为 $X(t)$,即

$$X_i(t)_{6,1} = \begin{bmatrix} \xi_{i(t)}_{3,1} & \lambda_{i(t)}_{3,1} \end{bmatrix}^T = [X_i(t) \quad Y_i(t) \quad Z_i(t) \quad \dot{X}_i(t) \quad \dot{Y}_i(t) \quad \dot{Z}_i(t)]^T$$

$$X(t)_{6n,1} = = [X_1(t) \quad X_2(t) \cdots X_n(t)]^T$$

$$\Omega_i(t)_{3,1} = = [\ddot{X}_i(t) \quad \ddot{Y}_i(t) \quad \ddot{Z}_i(t)]^T$$

$$\Omega(t)_{3n,1} = = [\Omega_1(t) \quad \Omega_2(t) \cdots \Omega_n(t)]^T$$

则离散性卡尔曼滤波的状态方程纯量形式为

第3章 滤波与配置模型的平差

$$X_{i,k+1} = X_{i,k} + \Delta t_k \dot{X}_{i,k} + \frac{1}{2}\Delta t_k^2 \ddot{X}_{i,k} \quad (3\text{-}6\text{-}1)$$

$$\dot{X}_{i,k+1} = \dot{X}_{i,k} + \Delta t_k \ddot{X}_{i,k} \quad (3\text{-}6\text{-}2)$$

式中:$\Delta t_k = t_{k+1} - t_k$,而 t_{k+1} 和 t_k 分别为第 $k+1$ 期和第 k 期的观测时刻;$\dot{X}_{i,k+1}$、$\dot{X}_{i,k}$ 分别为 X 在 t_{k+1}、t_k 时的速度;$\ddot{X}_{i,k}$ 为 t_k 时的加速度。

根据 n 个点的状态方程的纯量形式,可得全网的状态方程为

$$\underset{6n,1}{X_{k+1}} = \begin{bmatrix} E & \Delta t_k E & 0 & 0 & \cdots & 0 & 0 \\ 0 & E & 0 & 0 & \cdots & 0 & 0 \\ 0 & 0 & E & \Delta t_k E & \cdots & 0 & 0 \\ 0 & 0 & 0 & E & \cdots & 0 & 0 \\ \vdots & & & & \ddots & & \vdots \\ 0 & 0 & 0 & 0 & \cdots & E & \Delta t_k E \\ 0 & 0 & 0 & 0 & \cdots & 0 & E \end{bmatrix} \underset{6n,1}{X_k} + \begin{bmatrix} \frac{1}{2}\Delta t_k^2 E & 0 & \cdots & 0 \\ \Delta t_k E & 0 & \cdots & 0 \\ 0 & \frac{1}{2}\Delta t_k^2 E & \cdots & 0 \\ 0 & \Delta t_k E & \cdots & 0 \\ \vdots & & \ddots & \vdots \\ 0 & 0 & \cdots & \frac{1}{2}\Delta t_k^2 E \\ 0 & 0 & \cdots & \Delta t_k E \end{bmatrix} \underset{3n\times 1}{\Omega_k}$$

$$(3\text{-}6\text{-}3)$$

矩阵表示为

$$\underset{6n,1}{X_{k+1}} = \underset{6n,6n}{\Phi_{k+1,k}} \underset{6n,1}{X_k} + \underset{6n,3n}{\Gamma_{k+1,k}} \underset{3n,1}{\Omega_k} \quad (3\text{-}6\text{-}4)$$

若网中基线向量数为 m,则全网的观测方程为

$$\underset{3m,1}{L_{k+1}} = \underset{3m,6n}{B_{k+1}} \underset{6n,1}{X_{k+1}} + \underset{3m,1}{\Delta_{k+1}} \quad (3\text{-}6\text{-}5)$$

动态方程与量测方程组成 GPS 监测网,离散性卡尔曼滤波的数学模型为

$$\begin{cases} X_k = \Phi_{k,k-1} X_{k-1} + \Gamma_{k,k-1} \Omega_{k-1} \\ L_k = B_k X_k + \Delta_k \end{cases} \quad (3\text{-}6\text{-}6)$$

式中:$\Phi_{k,k-1}$ 为 $k-1$ 时刻到 k 时刻的系统一步转移矩阵;$\Gamma_{k,k-1}$ 为动态噪声系数矩阵;Ω_{k-1} 为 $k-1$ 时刻的状态(动态)噪声;B_k 为 k 时刻系统的状态系数矩阵;Δ_k 为 k 时刻系统的观测噪声;X_k 为 k 时刻的系统待估状态向量;L_k 为 k 时刻系统的观测向量。

该 GPS 监测网离散性卡尔曼滤波模型可按上节式(3-5-3)~式(3-5-7)进行解算,具体解算过程此处不赘述。

第4章 平差系统可靠性分析

4.1 概 述

4.1.1 研究可靠性的意义

我们知道,观测误差 Δ 由偶然误差 Δ_n、系统误差 Δ_s 和粗差 Δ_g 所构成,即 $\Delta = \Delta_n + \Delta_s + \Delta_g$。这三类误差由于性质不同,处理的方法也不同。当观测值仅含有偶然误差时,利用最小二乘平差方法进行处理,得到平差结果的最优解,并用精度评价结果的质量;而在处理含有系统误差的观测值时,如后面第 7 章 7.1 节所述,可根据系统误差的类型,采用加入附加参数的自检校平差方法,消除系统误差对平差结果的影响。粗差与系统误差不同,粗差仅影响个别观测数据。其位置和大小都不能预先知道,当观测值含有粗差和系统误差时,为了探测出小粗差,必须先消除系统误差,这时 $\Delta_s = 0$,$\Delta = \Delta_n + \Delta_g$。对于观测值中的粗差,采取探测和定位,消除其对平差结果的影响。对含有粗差的观测值仅用精度去衡量其质量是不全面的。例如,对于前方交会(如图 4-1 所示),当交会角 $\gamma = 90°$ 时,交会精度必然很高,但却不可靠[15],因为如果观测角中出现粗差,将无法发现,此时可靠性为零。为了增加可靠性,应加测角或边,用多余观测来发现粗差。

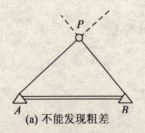
(a) 不能发现粗差

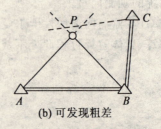
(b) 可发现粗差

图 4-1

由于我们并不知道观测值中是否含有粗差,因此,对于衡量观测成果的质量不能仅用精度指标,而要加入可靠性指标。这就是说,好的观测成果不但要精度高,成本低,而且可靠性要好。观测数据不可靠,即使精度再高,平差成果也是不可信的,用这样的数据施工有可能产生错误,影响施工的质量,造成重大的经济损失。因此,研究测绘领域可靠性理论有着重要的现实意义。

4.1.2 可靠性研究的内容

测量领域的可靠性是指一个平差系统发现模型误差(粗差、系统误差)的能力和不可发现粗差对平差结果的影响。测绘领域可靠性研究的主要任务包含两个方面:

(1) 在理论方面,研究平差系统发现模型误差(粗差、系统误差)的能力(内部可靠性)和不可发现的粗差对平差结果的影响(外部可靠性)。一般来说,测量平差系统的可靠性理论研究应该提出可靠性基本理论的数学模型,这些模型包括残差理论模型、多余观测分量的计算方法、影响粗差探测能力的因素以及内部可靠性和外部可靠性模型;提出完整的顾及可靠性的控制网优化设计模型与方法,包括控制网可靠性分布模型和提高控制网可靠性的方法。

(2) 在实用方面,研究在平差过程中自动发现和剔出粗差的方法。根据建立控制网数据处理模型,开发控制网数据处理与优化设计软件。

4.1.3 可靠性研究的发展

在测绘领域,可靠性理论是由荷兰的巴尔达(Baarda)教授于20世纪60年代末在他的名著《大地网的检验方法》[14]中提出来的。在数理统计的假设检验基础上,他在单个一维备选假设下研究可靠性理论,用经典的假设检验理论研究平差系统发现单个模型误差的能力,提出了著名的数据探测法。80年代由德国的斯图加特大学与Forstner合作,研究了具有附加参数的外部可靠性,并提出了两个多维备选假设下的可靠性理论。从此,可靠性理论在大地测量、摄影测量、精密工程测量以及变形测量中得到应用,其中在摄影测量领域的研究及应用颇为深入,从模型到平差建立了一整套可靠性分析系统。我国关于这一理论的研究及应用也有了一定的发展,李德仁院士提出了平差系统的可区分性和可靠性理论,为模型误差的区分和定位提供了理论基础。[15] 目前随着测绘科技的发展,特别是全球卫星定位系统(GPS)在更多领域的广泛应用,关于GPS控制网的可靠性的研究方面已做了大量的工作。此外,测量平差系统中单个模型误差的可靠性研究理论已在大地测量、摄影测量、工程测量以及变形测量中得到广泛应用；而从单个模型误差到多个模型误差的发展，从单一备选假设到两个备选假设的发展，目前尚未得到广泛的应用。但所讨论的问题更合乎现实情况，研究也更深入。可以相信，测量平差系统的可靠性理论将随着实践不断地向前发展，日趋完善。

4.2 残差理论与可靠性矩阵

4.2.1 残差与观测误差的关系

残差即为平差改正数，根据残差与观测误差的关系研究其在粗差探测中的重要作用。

已知观测值 L 的协因数阵 Q 及权阵 P，有函数模型

$$L = BX + \Delta \tag{4-2-1}$$

误差方程

$$V = B\hat{X} - L \tag{4-2-2}$$

或

$$V = B\hat{x} - l \tag{4-2-3}$$

式中：$\hat{X} = X^0 + \hat{x}$；$l = L - BX^0 - d$。

参数的最小二乘解为

$$\hat{X} = N^{-1}B^{\mathrm{T}}PL \quad (N = B^{\mathrm{T}}PB) \tag{4-2-4}$$

或

$$\hat{x} = N^{-1}B^{\mathrm{T}}Pl \tag{4-2-5}$$

残差向量为

$$V = (BN^{-1}B^{\mathrm{T}}P - I)L \tag{4-2-6}$$

观测值平差值向量为

$$\hat{L} = L + V = BN^{-1}B^{\mathrm{T}}PL = JL \tag{4-2-7}$$

上式中，$J = BN^{-1}B^{\mathrm{T}}P$，在统计学中称为帽子矩阵。

残差的协因数为

$$Q_V = Q - BN^{-1}B^{\mathrm{T}} \tag{4-2-8}$$

将式(4-2-7)代入式(4-2-6)，得

$$\begin{aligned}V &= -Q_V P l \\ &= -(I - J)L\end{aligned} \tag{4-2-9}$$

上式表明了输入量与残差之间的关系。再将式(4-2-1)代入上式,得
$$V = -(I-J)(BX+\Delta)$$
$$= -(I-J)BX - (I-J)\Delta$$

因为
$$(I-J)BX = (B-JB)X$$
$$= (B-B)X = 0$$

故有
$$V = -(I-J)\Delta \tag{4-2-10}$$

令
$$R = (I-J) = Q_V P = \begin{bmatrix} r_{11} & r_{12} & \cdots & r_{1n} \\ r_{21} & r_{22} & \cdots & r_{2n} \\ \vdots & \vdots & & \vdots \\ r_{n1} & r_{n2} & \cdots & r_{nn} \end{bmatrix} \tag{4-2-11}$$

得
$$V = -R\Delta \tag{4-2-12}$$

或
$$\begin{bmatrix} v_1 \\ v_2 \\ \vdots \\ v_n \end{bmatrix} = \begin{bmatrix} r_{11} & r_{12} & \cdots & r_{1n} \\ r_{21} & r_{22} & \cdots & r_{2n} \\ \vdots & \vdots & & \vdots \\ r_{n1} & r_{n2} & \cdots & r_{nn} \end{bmatrix} \begin{bmatrix} \Delta_1 \\ \Delta_2 \\ \vdots \\ \Delta_n \end{bmatrix} \tag{4-2-13}$$

上式表示残差与真误差之间的关系。

下面分几种情况讨论:

(1) 由式(4-2-13)得
$$v_i = -(r_{i1}\Delta_1 + r_{i2}\Delta_2 + \cdots + r_{in}\Delta_n) \tag{4-2-14}$$

上式为所有观测值误差对某一观测值残差的影响。

(2) 将式(4-2-13)写为
$$V = -\begin{bmatrix} R_1 & R_2 & \cdots & R_n \end{bmatrix} \begin{bmatrix} \Delta_1 \\ \Delta_2 \\ \vdots \\ \Delta_n \end{bmatrix} \tag{4-2-15}$$

式中:$R_i = \begin{bmatrix} r_{1i} & r_{2i} & \cdots & r_{ni} \end{bmatrix}^T$。

如果观测值中含有粗差,即 $\Delta = \Delta_n + \Delta_g$,由式(4-2-12)得

$$V + V_g = -R(\Delta_n + \Delta_g) \qquad (4\text{-}2\text{-}16)$$

$$V_g = -R\Delta_g \qquad (4\text{-}2\text{-}17)$$

此即由于粗差引起的残差变化的关系式。

假设仅有一个观测值含有粗差,即 $\Delta_g = [0 \ 0 \ \cdots \ 0 \ e_i \ 0 \ \cdots \ 0]^T$,那么,这个粗差对所有观测值的影响为

$$V_g = -R_i e_i \qquad (4\text{-}2\text{-}18)$$

式中:

$$\begin{aligned} V_{g_i} &= -r_{ii} e_i \\ V_{g_j} &= -r_{ji} e_i \end{aligned} \quad (i \neq j) \qquad (4\text{-}2\text{-}19)$$

上式表明,某一观测值上的粗差 e_i 对所有观测值都有影响,但程度不一样。它通过 r_{ii} 作用于本观测值的残差上,以 r_{ji} 作用于其他观测值的残差上。一般而言,R 为正定阵,$r_{ii} > r_{ji}$,所以,粗差对自身观测值残差的影响要大些。

4.2.2 可靠性矩阵

残差 V 的数值除了粗差 Δ_g 外,还取决于 R 矩阵,R 是残差协因数阵 Q_V 与权阵 P 的乘积,为 n 阶方阵。R 仅与观测值的权阵 P 或权逆阵 Q 及误差方程的系数 B 有关,而系数矩阵 B 只与平差的图形结构有关,与观测数据无关,因而也称结构矩阵。所以,只要观测方案确定了,就可计算出 R。由式(4-2-18)看出,同一粗差对各观测值残差均有影响,其程度取决于 R 矩阵中的相应元素,因此,称 R 为可靠性矩阵。

R 矩阵具有以下性质:

(1) R 是幂等阵

$$\begin{aligned} R^2 &= Q_V P Q_V P = (I - BN^{-1}B^T P)^2 \\ &= I - BN^{-1}B^T P = Q_V P = R \end{aligned} \qquad (4\text{-}2\text{-}20)$$

(2) R 的秩等于其迹 r,是降秩方阵,$r < n$

$$\begin{aligned} R(R) &= \mathrm{tr}(R) = \mathrm{tr}(Q_V P) = \mathrm{tr}(I - BN^{-1}B^T P) \\ &= \mathrm{tr}(I) - \mathrm{tr}(BN^{-1}B^T P) = n - t = r \end{aligned}$$

(3) R 矩阵第 i 个对角线元素 r_{ii} 为第 i 个观测值的多余观测分量,其和就是多余观测数,即

$$\mathrm{tr}(R) = r_{11} + r_{22} + \cdots + r_{nn} = r \qquad (4\text{-}2\text{-}21)$$

(4) 由 R 矩阵计算每个残差的中误差

$$\sigma_{v_i}^2 = (Q_v)_i \sigma_0^2 = (Q_v PQ)_i \sigma_0^2$$
$$= (Q_v PQ \sigma_0^2)_i$$

当观测值不相关时，P、Q 为对角阵，对第 i 个观测值，有 $P_i = Q_i^{-1}$，其中误差

$$\begin{aligned}\sigma_{v_i}^2 &= Q_{v_i}\sigma_0^2 \\ &= (Q_{v_i}P_i)(Q_i\sigma_0^2) = r_{ii}\sigma_{L_i}^2\end{aligned} \quad (4\text{-}2\text{-}22)$$

(5) 当 P 为对角阵时，$P_i = Q_i^{-1}$，有 $0 \leqslant r_{ii} \leqslant 1$。

因为 $$r_{ii} = Q_{v_i}P_i$$

由 $L_i = \hat{L}_i - v_i$，并顾及 $\hat{L}_i$ 与 v_i 不相关，即 $Q_{\hat{L}_i v_i} = 0$，可得

$$Q_i = Q_{\hat{L}_i} + Q_{v_i}$$

而

$$0 \leqslant Q_{v_i} = Q_i - Q_{\hat{L}_i} < Q_i$$

即

$$0 \leqslant Q_{v_i}P_i < Q_i P_i = 1$$

所以

$$0 \leqslant r_{ii} \leqslant 1 \quad (4\text{-}2\text{-}23)$$

由以上分析及式(4-2-17)可知，当 $r_i = 0$ 时(在不致引起混淆的情况下，$r_{ii} = r_i$)，无论粗差多大，均不能反映在该观测值上，即 $v_{g_i} = 0$，这说明该观测值为必要观测；如果 $r_i = 1$，$v_{g_i} = -e_i$，即粗差完全反映在该观测值的残差上，表示该观测值完全多余。一般 $0 < r_i < 1$，粗差只能部分地反映在该观测值上，越靠近零，说明该观测值抵抗粗差的能力越弱，但同时，该观测值对参数估计所起的作用越大。反之，越接近于 1，该观测值抵抗粗差的能力越强，而对参数估计所起的作用越小。

在一个平差系统中，如果没有多余观测就没有平差条件，也就谈不上可靠性。可靠性与多余观测分量有关，多余观测是探测粗差的先决条件。如图 4-1 所示的前方交会，当没有多余观测时，尽管精度很高，但可靠性为零，发现不了粗差；如果增加一个观测值，则可发现粗差，但不可定位，如果再增加一个观测值 DP，则可定位粗差。从图 4-2 中可看出，BP 方向可能存在粗差。

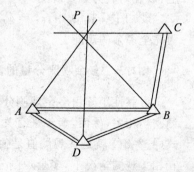

图 4-2　粗差可定位

例 4.1 图 4-3 是一组高程网,观测高差均为独立观测值,按间接平差法平差,所计算的改正数 v_i 和多余观测分量 r_i 均列于表 4-1。

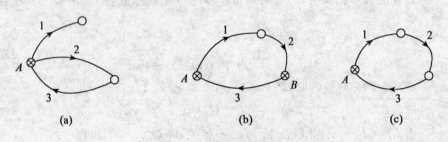

图 4-3 高程网示意图

表 4-1 水准网观测值及部分计算结果

	图 4-3(a)			图 4-3(b)			图 4-3(c)		
i	1	2	3	1	2	3	1	2	3
h(m)	0.243	0.503	−0.500	0.243	0.253	−0.500	0.243	0.253	−0.503
v(mm)	0	−1.5	−1.5	2	2	0	2.3	2.3	2.3
r	0	0.5	0.5	0.5	0.5	1	1/3	1/3	1/3
$\sum r$	1			2			1		

由上表看出:(1) 图 4-3(a) 中,$r_1 = 0$,$v_1 = 0$,粗差不能反映在该观测值上,该观测值为必要观测。

(2) 图 4-3(b) 中,$r_3 = 1$,$v_3 = 0$,粗差完全反映在该观测值上,该观测值为完全多余的观测。

4.2.3 多余观测分量的值域

可靠性矩阵由多余观测分量组成,评价平差系统的可靠性指标与多余观测密切相关,然而,多年来有关多余观测分量的讨论是基于独立观测的。例如式(4-2-21)就是在观测值是独立的这一假设下得出的。近年来的研究表明,在相关观测情况下,多余观测分量的值域已超出了 [0,1] 区间,下面仅举一例说明。

例 4.2 利用例 4.1 的图形和观测数据,计算当观测值的权

$$P = \begin{bmatrix} 9.5 & 3.0 & -6.0 \\ 3.0 & 2.0 & -2.0 \\ -6.0 & -2.0 & 4.0 \end{bmatrix}$$ 时各图形的改正数 v_i 和多余观测分量 r_i。

解 按间接平差公式计算,结果列于表 4-2 中。

表 4-2　　　　　　　观测值相关时的部分计算结果

	图 4-3(a)			图 4-3(b)			图 4-3(c)		
i	1	2	3	1	2	3	1	2	3
v(mm)	1.8	-0.3	2.7	-0.7	4.7	0	-7	3.5	-10.5
r	0	0.1	0.9	-0.18	1.18	1	-1	0.5	1.5
$\sum r$	1			2			1		

从表 4-2 可以看出,在图 4-3(b)、(c)中,部分 r_i 的值域不在[0,1]之间,甚至还出现了负值。

对于相关观测的控制网,例如 GPS 网,如何建立可靠性的度量是一个值得研究的问题。

4.3　评价可靠性指标的统计检验方法

从上节所叙述的残差与观测值的关系式和可靠性矩阵的分析中我们知道,观测值中的粗差,将通过多余观测分量反映到各残差中,但仅知道反映的程度,而残差大的观测值其模型误差并不一定大。因此,不能简单地通过残差来判断粗差。根据 Barrad 理论,我们可以在一定的可靠性下,构建统计量,找出可发现模型误差的下界值,那么,从统计意义而言,大于该值就被认为是粗差,小于该值的粗差认为是不可发现的。

4.3.1　判断粗差的统计量

误差方程

$$\Delta = B\hat{x} - l \qquad (4-3-1)$$

用估值表示上式

$$V = B\hat{x} - l$$

或

$$\begin{aligned} v_i &= b_i\hat{x} - l_i \\ b_i &= [b_{i1} \quad b_{i2} \quad \cdots \quad b_{i3}] \quad i = (1, 2, \cdots, n) \end{aligned} \quad (4\text{-}3\text{-}2)$$

当观测值仅含有偶然误差时，$E(\Delta) = 0$，由式(4-3-1)得

$$E(l) = B\hat{x} \quad (4\text{-}3\text{-}3)$$

或

$$E(l_i) = b_i\hat{x}$$

参数 $\hat{x}$ 的估值

$$\hat{x} = (B^\mathrm{T}PB)^{-1}B^\mathrm{T}Pl = N^{-1}B^\mathrm{T}Pl \quad (4\text{-}3\text{-}4)$$

残差的期望

$$\begin{aligned} E(V) &= E(B\hat{x} - l) \\ &= E(BN^{-1}B^\mathrm{T}Pl - l) \\ &= BN^{-1}B^\mathrm{T}PE(l) - E(l) \\ &= BN^{-1}B^\mathrm{T}PB\hat{x} - B\hat{x} = 0 \end{aligned} \quad (4\text{-}3\text{-}5)$$

在此前提下，得到标准化残差

$$w_i = \frac{v_i - E(v_i)}{\sigma_{v_i}} = \frac{|v_i|}{\sigma_0 \sqrt{Q_{v_i}}} \sim N(0, 1) \quad (4\text{-}3\text{-}6)$$

由式(4-2-22)知，对于权矩阵为对角阵的改正数 v_i 的中误差为

$$\sigma_{v_i} = \sigma_0 \sqrt{Q_i} \sqrt{r_{ii}} = \sqrt{r_i}\sigma_{L_i} \quad (4\text{-}3\text{-}7)$$

代入式(4-3-6)得

$$w_i = \frac{v_i}{\sigma_{L_i}\sqrt{r_i}} \quad (4\text{-}3\text{-}8)$$

统计量 w_i 与观测值的中误差 σ_{L_i} 和多余观测分量 r_i 有关。

4.3.2 统计假设检验的概念

1. 接受域与拒绝域

统计假设检验所解决的问题，就是根据观测样本，通过检验来判断母体分布是否具有指定的特征。在这里，我们通过对改正数的检验，构造统计量，在所作的假设下，判断是否有模型误差。例如，统计量式(4-3-6)是在平差模型不存在粗差即 $E(v_i) = 0$ 的假设下得出的，此时的统计检验在于将标准化残差

w_i 与所选定的临界值 $w_{\frac{\alpha}{2}}$ 进行比较,w_i 的置信区间为

$$P\{-w_{\frac{\alpha}{2}} < w_i < w_{\frac{\alpha}{2}}\} = 1-\alpha \qquad (4\text{-}3\text{-}9)$$

或

$$P\{|w_i| < w_{\frac{\alpha}{2}}\} = 1-\alpha \qquad (4\text{-}3\text{-}10)$$

上式中,$-w_{\frac{\alpha}{2}}$,$w_{\frac{\alpha}{2}}$ 是区间的上下限,其数值可根据给定的 α 从正态分布表中查得。

这就是说,我们作了假设 $E(v_i)=0$。为了检验这一假设是否成立,计算统计量 $w_i = \dfrac{|v_i|}{\sigma_0\sqrt{Q_{v_i}}}$,使式(4-3-10)成立,那么,就表示 w_i 是落在 $(-w_{\frac{\alpha}{2}},w_{\frac{\alpha}{2}})$ 区间内。在这种情况下,没有理由否定原先所作的 $E(v_i)=0$ 假设,即接受原假设,通常将区间 $(-w_{\frac{\alpha}{2}},w_{\frac{\alpha}{2}})$ 称为接受域。反之,如果计算结果 $w_i > w_{\frac{\alpha}{2}}$ 或 $< w_{\frac{\alpha}{2}}$,就表示概率很小的事件居然发生了。根据小概率事件在一次实验中不可能出现的原理,就有足够的理由否定原来所做的 $E(v_i)=0$ 假设,即应拒绝原假设 $E(v_i)=0$,而认为 $E(v_i)\neq 0$。通常将 $(-w_{\frac{\alpha}{2}},w_{\frac{\alpha}{2}})$ 区间以外的范围称为拒绝域(见图4-4)。

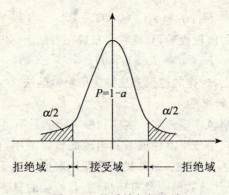

图 4-4 接受域与拒绝域

2. 原假设与备选假设

由以上所述可见,当需要根据子样信息来判断母体分布是否具有指定的特征时,总是先作一个假设,称为原假设(或零假设),记为 H_0。然后,找一个适当的且其分布为已知的统计量,确定该统计量经常出现的区间,使统计量落入此区间的概率接近于1。如果由抽样的结果计算出的统计量的数值不落在这

一经常出现的区间内,那就表示小概率事件发生了,则应拒绝原假设 H_0。当 H_0 遭到拒绝,相当于接受了另一个假设,称为备选假设,记为 H_1。因此,假设检验实际上就是要在原假设 H_0 与备选假设 H_1 之间作出选择。

3. 显著(性)水平

接受域和拒绝域的范围大小是与我们所给定的 α 值大小有关的,α 值愈大,则拒绝域愈大,被拒绝的机会就愈大,α 的大小通常应根据问题的性质来选定,当不应轻易拒绝原假设 H_0 时,应选择较小的 α,一般使用的 α 值可以是 0.04、0.01 等。

对于上述统计量而言,当 $|w_i| = \dfrac{v_i}{\sigma_{v_i}} > w_{\frac{\alpha}{2}}$ 时,则称 v_i 与 0 的差异是显著的,反之,则称 v_i 与 0 之间的差异不显著。因此,数 α 称之为检验的显著(性)水平,上述的假设检验问题通常叙述成:在显著水平 α 下,检验假设 $H_0: E(v_i)$; $H_1: E(v_i) \neq 0$。

4. 单尾、双尾检验法

上述假设检验的例子,是将拒绝域布置在统计量分布密度曲线两端的尾巴上,这种检验称为双尾检验法;有时根据实际情况,需要判断母体均值是否增大了,即检验假设

$$H_0: \mu = E(x); \quad H_1: \mu > E(x)$$

为了进行这样的假设检验,只需将 α 布置在右尾上。如需检验假设

$$H_0: \mu = E(x); \quad H_1: \mu > E(x)$$

则将 α 布置在左尾上,这样的检验方法称为单尾检验法。

5. 弃真与纳伪的概率

假设检验是以小概率事件在一次实验中实际上是不可能发生的这一前提为依据的。必须指出,小概率事件虽然其出现的概率很小,但并不是说这种事件就完全不可能发生。事实上,如果我们重复抽取许多组子样,由于抽样的随机性,由此算得的统计量数值也具有随机性。若检验的显著水平 α 定为 0.05,那么,即使原假设 H_0 是真的,其中仍约有 5% 的计算数值将会落入拒绝域中。由此可见,进行任何假设检验总是有作出不正确判断的可能性,不可能绝对不犯错误,当 H_0 为真而遭到拒绝的错误称为犯第一类错误,也称为弃真错误,犯弃真错误的概率是 α。同样地,当 H_0 为不真时,我们也有可能接受 H_0,这种错误称为犯第二类错误,也称为纳伪错误。犯纳伪错误的概率为 β(见图 4-6)。

例 4.3 子样均值 x 的抽样分布是正态的,均值为 ξ,中误差 $\sigma_x = 2$。

原假设 $H_0: \xi = 0$,备选假设 $H_1: \xi \neq 0$。

选定显著水平 $\alpha = 0.05$,查正态分布表 4-3,得 $w_{\frac{\alpha}{2}} = 1.96$。原假设为真时,确定检验统计量 $w = \dfrac{x-\xi}{2} = \dfrac{x-0}{2}$,根据式(4-3-10),有接受域 $P\{|x| < w_{\frac{\alpha}{2}} \times 2 = 3.92\} = 1 - \alpha$ 和拒绝域(见图4-5)。

表 4-3　　　　　　　　　置信度 α 与临界值 $w_{\frac{\alpha}{2}}$ 的关系

α	$w_{\frac{\alpha}{2}}$
0.05	1.96
0.01	2.57
0.001	3.29

此时,当 H_0 为真时而遭到拒绝,称为犯第一类错误,也称弃真错误,其概率为 4%。

若备选假设为真,如 $\xi = 2$,亦即 H_0 为伪,则 x 的分布实为 $N(2, 2)$,见图 4-6。

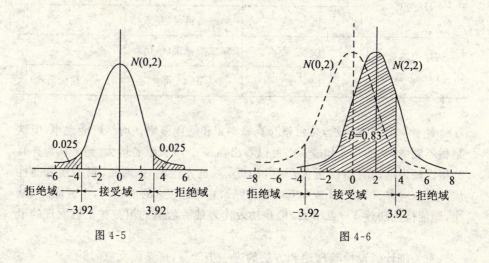

图 4-5　　　　　　　　　　　　　图 4-6

如 x 的观测值落在拒绝域中,我们拒绝 H_0,这是正确的,如 x 的观测值落在接受域中,使我们作出错误的判断,认为 H_0 为真,这就犯了第二类错误(纳伪 H_0),其概率 β 是图 6-6 中当 H_1 为真时接受域范围内密度曲线下的面积。

β 值的计算方法：将 ± 3.92 标准化，得

$$w_1 = \frac{1}{2}(-3.92-2) = -2.96$$

$$w_2 = \frac{1}{2}(3.92-2) = +0.96$$

查正态分布表得　　$\Phi(w_1) = 0.0015,\quad \Phi(w_2) = 0.8314$

则　　　$\beta = \Phi(w_2) - \Phi(w_1) = 0.830$

6. 检验功效

在上例中，作出错误的判断（纳伪）的概率为 0.83，作出正确判断（弃伪）的概率为 $1-\beta = 0.170$。如果重复抽取许多组子样，其中将有 83% 使我们犯第二类错误，有 17% 使我们作出正确的判断，这种作出正确判断的概率称为检验功效，其概率为 $1-\beta$。

根据以上所述，将假设检验的四种可能性列于表 4-4 中。

表 4-4　　　　　　　　　　假设检验的四种可能性

现象	判断	结果	概率
H_0 为真	接受	正确	$1-\alpha$
	拒绝	第一类错误（弃真）	α
H_0 为不真（H_1 为真）	接受	第二类错误（纳伪）	β
	拒绝	正确	$1-\beta$（检验功效）

对于一个检验问题，总希望弃真概率 α 和纳伪概率 β 均尽可能地小，但这是做不到的，从图 4-6 和表 4-3 可以看出，α 减小，β 就跟着增大。通常认为弃真的错误较之纳伪的错误更为严重，因此，总是先控制 α，例如，根据问题的性质，选用 α 为 0.05、0.01 或 0.001 等，然后，在不改变 α 的前提下，尽可能使 β 减小，即使检验功效 $1-\beta$ 增大。检验功效代表某一数值的粗差被正确发现的概率。

有关统计假设检验理论和方法的进一步学习，可参阅文献[16]。

4.3.3　粗差探测的检验方法

用 w_i 作为判断粗差的统计量是 Barrad 所创立的数据探测理论的核心，式

(4-3-6)是在只有一个粗差,即原假设 $H_0: E(v_i) = 0$ 条件下得出的。

在备选假设 $H_1: E(v_i) \neq 0 = e_i$ 条件下,由式(4-2-19)可知,观测值的粗差 e_i 以 r_i 反映在残差 v_{g_i} 上,由此将引起检验量 w_i 的分布函数相应产生一个平移值 δ_{w_i},由式(4-3-8)得

$$\delta_{w_i} = \frac{|v_{g_i}|}{\sigma_{L_i}\sqrt{r_i}} = \frac{e_i}{\sigma_{L_i}}\sqrt{r_i} \tag{4-3-11}$$

δ_w 在统计学上称为非中心化参数,用 δ 表示。由上式可知,r_i 愈小或中误差 σ 愈大,δ_w 愈小,即粗差对标准化残差 w_i 的影响愈小,说明粗差的检测能力愈弱。因此,原假设和备选假设也可设为

$$H_0: \quad E(w_i) = 0$$
$$H_1: \quad E(w_i) = \delta_w$$

非中心参数是备选假设 H_1 到零假设 H_0 之间的距离(见图 4-7)。

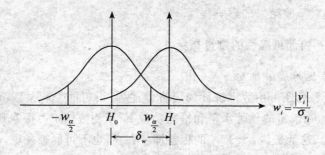

图 4-7 粗差使分布函数产生平移

在原假设条件下

$$P\left\{-w_{\frac{\alpha}{2}} < \frac{|v_i|}{\sigma_{L_i}\sqrt{r_i}} < w_{\frac{\alpha}{2}}\right\} = 1 - \alpha$$

或

$$P\{|w_i| < w_{\frac{\alpha}{2}}\} = 1 - \alpha \tag{4-3-12}$$

如果 $|w_i| \leqslant w_{\frac{\alpha}{2}}$,则接受原假设,认为 L_i 不包含粗差;反之,若 $|w_i| \geqslant w_{\frac{\alpha}{2}}$,则拒绝原假设,判断观测值可能存在粗差。

需要指出的是,在实际中不可能得到单位权中误差 σ_0 的理论值,实用中用估值 $\hat{\sigma}_0$ 来代替

$$\hat{\sigma}_0 = \sqrt{\frac{V^{\mathrm{T}}PV}{n-t}}$$

根据 Pope 和 Kock 的推证，它为 τ 变量，即

$$\frac{|v_i|}{\hat{\sigma}_0 \sqrt{Q_{v_i}}} \sim \tau(1, n-t-1, \delta) \tag{6-3-13}$$

4.4 平差系统的可靠性度量指标

从以上讨论可知，我们用方差作为衡量平差模型的精度指标，由于粗差的存在，引入了可靠性概念，同样，用什么样的指标来评价平差模型的可靠性呢，这是本节所要解决的问题。

根据 Barrad 可靠性理论，平差系统的可靠性分为内可靠性和外可靠性。内部可靠性是指平差系统发现粗差的能力，外部可靠性是指观测数据中不可发现的粗差对平差结果的影响程度。

4.4.1 内部可靠性的度量指标

1. 可发现的最小粗差公式

内部可靠性还可用数理统计的语言叙述为：设可能发现某观测值粗差的最小值为 e_i，在给定的显著水平和检验功效下，观测数据中可探测到的最小粗差 e_i 的能力。这就是说，小于 e_i 的粗差即使存在，也不可能被发现。

对于对角权矩阵，前已导出统计量

$$w_i = \frac{|v_i|}{\sigma_{L_i} \sqrt{r_i}}$$

如果有最小粗差 e_{0_i}（下标 0 代表粗差的下界值）存在，根据式(4-3-11)，对统计量 w_i 的影响为

$$\delta_0 = \frac{e_{0_i}}{\sigma_{L_i}} \sqrt{r_i} \tag{4-4-1}$$

在大多数情况下，粗差的大小未知，而我们所关心的是一个观测值至少必须出现多大的粗差才能以所规定的显著水平 α_0 和检验功效 $1-\beta_0$ 的检验中被发现。此时备选假设 H_1 到零假设 H_0 之间的最小距离 δ_0 取决于 α_0 和 $1-\beta_0$：

$$\delta_0 = \delta_0(\alpha_0, 1-\beta_0) \tag{4-4-2}$$

若给出 α_0 和 $1-\beta_0$，可由标准正态分布表查表求出 δ_{0_i}（见表 4-5）。

第4章 平差系统可靠性分析

表 4-5　　　　　　　　　　　α、$1-\beta$ 及 δ_0 关系表

$1-\beta$ \ α	0.0001	0.001	0.01	0.05
70	4.41	3.82	3.10	2.48
80	4.73	4.13	3.42	2.80
90	5.17	4.57	3.86	3.24
95	5.84	4.84	4.22	3.61

根据求出的下界距离,利用式(4-4-1),即可求出观测值 L_i 上可发现粗差的最小粗差公式

$$e_{0_i} = \frac{\delta_0}{\sqrt{P_i}\sqrt{r_i}}\sigma_0 = \frac{\delta_0}{\sqrt{r_i}}\sigma_{L_i} \tag{4-4-3}$$

e_{0_i} 值越小,说明该测量系统对第 i 个观测中的粗差越敏感。上式表明,可能发现的粗差下界值与三个因素有关:

(1) 与观测精度有关。观测精度愈高,即 σ_{L_i} 愈小,可发现的粗差愈小。
(2) 与多余观测分量有关。r_{ii} 愈小,可发现的粗差愈大,即粗差愈难发现。
(3) 与给定的显著水平有关。

在给定的显著水平和检验功效下,我们总是希望发现的粗差愈小愈好,这表明探测粗差的能力越强,就越要求尽可能提高观测值精度,加强控制网的图形强度。

2. 可靠性度量指标 —— 可控性数值

将式(4-3-17)中与精度有关的部分和与可靠性有关的部分分开,并定义

$$\delta'_{0_i} = \frac{e_{0_i}}{\sigma_{L_i}} = \frac{\delta_{0_i}}{\sqrt{r_i}} \tag{4-4-4}$$

δ'_{0_i} 为第 i 个观测内可靠性的可控性数值,用来衡量内部可靠性程度,δ'_{0_i} 越大,表明该位置反映粗差的能力越差,可靠性越差。

上式表明,δ'_{0_i} 表示该观测可能发现的最小粗差与相应母体中误差之比,无量纲,已知 δ_{0_i} 和 r_{ii} 便可计算。它还表现一个倍数

$$e_{0_i} = \delta'_{0_i}\delta_{L_i} \tag{4-4-5}$$

即观测值上的粗差至少为其中误差的多少倍,才能在给定的显著水平 α_0 和以检验功效为 $1-\beta_0$ 的把握下被发现。可控性数值越小,表明探测粗差的能力越强,它在控制网的优化中有着重要的作用。

例 4.4 图 4-3 中,观测值中误差均为 $\sigma_{L_i} = 1\text{mm}$,已求出各图的 r_i(见表 4-1),令 $\alpha = 0.05, 1 - \beta = 0.80$,由表 4-3 查得 $\delta_0 = 2.8$,由(4-4-4)式算出 δ_0',结果列于表 4-6。

表 4-6　　　　　　　　水准网观测值及部分计算结果

	图 4-3(a)			图 4-3(b)			图 4-3(c)		
i	1	2	3	1	2	3	1	2	3
r	0	0.5	0.5	0.5	0.5	1	1/3	1/3	1/3
δ_0'(mm)		3.96	3.96	3.96	3.96	2.8	4.85	4.85	4.85
$\bar{\delta}_0$(mm)		3.96	3.96	3.96	3.96	0	6.86	6.86	6.86

4.4.2 外部可靠性度量指标

内部可靠性所说的可能发现的最小粗差,可以理解为该观测未能发现的最大粗差。因此,外部可靠性也可定义为观测中未能发现的最大粗差对平差参数及其函数的影响。

1. 不可发现的最大粗差对平差参数的影响

误差方程为

$$V = B\hat{X} - L \tag{4-4-6}$$

参数的平差值为

$$\hat{X} = (B^\mathrm{T} PB)^{-1} B^\mathrm{T} PL = Q_{\hat{X}} B^\mathrm{T} PL \tag{4-4-7}$$

当 P 为对角阵时

$$\hat{X}_i = Q_{\hat{X}} B_i^\mathrm{T} P_i L_i \tag{4-4-8}$$

式中:B_i 为第 i 个误差的系数行向量。

设 L_i 未能发现的最大粗差为 e_{0_i},则观测向量 L 的模型误差向量为

$$e_0 = [0 \; \cdots \; 0 \; e_{0_i} \; 0 \; \cdots \; 0]^\mathrm{T}$$

它对参数 $\hat{X}$ 的影响由式(6-4-6)得

$$V_{\hat{X}} = Q_{\hat{X}} B^\mathrm{T} P e_0 \tag{4-4-9}$$

或

$$V_{\hat{x}_i} = Q_{\hat{x}} B_i^T P_i e_{0_i}$$

2. 外部可靠性指标——影响函数长度

为下面讨论需要，将误差向量 e_0 分解成表征方向的单位矢量部分 e 和表征大小的标量部分 $\bar{e}_0$，即

$$e_0 = e\bar{e}_0, \quad 且\ |e| = 1 \tag{4-4-10}$$

由 (4-4-7) 式可知，$V_{\hat{x}_i}$ 的大小与参数的协因数阵 $Q_{\hat{x}}$ 有关，而 $Q_{\hat{x}}$ 的主对角元素的大小与已知点的位置有关，离已知点越近的点相应的协因数越小，即对应的主对角元素越小。因此，$V_{\hat{x}_i}$ 是一个与坐标系统有关的变量，不适合作可靠性指标，为此，Baarda 建议用经验影响函数长度，定义外部可靠性

$$D_i(M, C) = \frac{V_{\hat{x}_i}^T M V_{\hat{x}_i}}{C} \tag{4-4-11}$$

式中：$M \geqslant 0$ 为半正定方阵，C 为大于零的常数，显然 $D_i(M, C)$ 取决于 M、C。Baarda 选择 $M = B^T P B$，$C = \sigma_0^2$，为书写方便起见，用 D_i 代替 $D_i(M, C)$ 于是得

$$D_i = \frac{V_{\hat{x}_i}^T B^T P B V_{\hat{x}_i}}{\sigma_0^2} = \frac{V_{\hat{x}_i}^T Q_{\hat{x}}^{-1} V_{\hat{x}_i}}{\sigma_0^2} \tag{4-4-12}$$

二次型 $V_{\hat{x}_i}^T Q_{\hat{x}}^{-1} V_{\hat{x}_i}$ 是一个与坐标系统无关的变量。事实上，设有正交矩阵 T，对 $V_{\hat{x}_i}$ 进行正交变换，即

$$\overline{V}_{\hat{x}_i} = T V_{\hat{x}_i}$$

$$\overline{Q}_{\hat{x}}^{-1} = T Q_{\hat{x}}^{-1} T^T$$

对于正交矩阵有

$$T^T T = I$$

于是

$$\overline{V}_{\hat{x}_i}^T \overline{Q}_{\hat{x}}^{-1} \overline{V}_{\hat{x}_i} = V_{\hat{x}_i}^T T^T T Q_{\hat{x}}^{-1} T^T T V_{\hat{x}_i} = V_{\hat{x}_i}^T Q_{\hat{x}}^{-1} V_{\hat{x}_i}$$

即 $V_{\hat{x}_i}^T Q_{\hat{x}}^{-1} V_{\hat{x}_i}$ 与坐标系统无关。

将式 (4-4-9) 代入式 (4-4-11)，并顾及式 (6-4-3)，有

$$D_i = \frac{1}{\sigma_0^2}(e_{0_i} P_i B_i Q_{\hat{x}} B_i^T P_i e_{0_i})$$

$$= \frac{1}{\sigma_0^2}\left(\frac{\delta_0^2}{r_i}\sigma_{L_i}^2 P_i B_i Q_{\hat{x}} B_i^T P_i\right)$$

顾及 $\quad \sigma_{L_i}^2 = \sigma_0^2 P_i^{-1}, \quad B_i Q_{\hat{x}} B_i^T P_i = 1 - r_i$

$$D_i = \frac{\delta_0^2}{r_i}(1-r_i) \tag{4-4-13}$$

令

$$\bar{\delta}_{0_i} = \sqrt{D_i}$$

$$\bar{\delta}_{0_i} = \delta_0 \sqrt{\frac{1-r_i}{r_i}} \tag{4-4-14}$$

上式即为外部可靠性度量指标，$\bar{\delta}_{0_i}$ 越大，表明该位置的可靠性越差。

3. 不可发现的粗差对平差参数函数的影响

设参数 $\hat{X}$ 的函数为

$$\varphi = f^T \hat{X} \tag{4-4-15}$$

根据式(4-4-9)，粗差对参数函数的影响为

$$V_{\varphi_i} = f^T Q_{\hat{X}} B_i^T P_i e_{0_i} \tag{4-4-16}$$

上式中因为 $f^T Q_{\hat{X}} B_i^T$ 是二向量 f、B_i 以 $Q_{\hat{X}}$ 加权的内积，即

$$f^T Q_{\hat{X}} B_i^T = (f, B_i) = \|f\| \cdot \|B_i\| \cos(f, B_i) \tag{4-4-17}$$

于是

$$f^T Q_{\hat{X}} B_i^T \leqslant \|f\| \cdot \|B_i\| = \sqrt{f^T Q_{\hat{X}} f} \sqrt{B_i Q_{\hat{X}} B_i^T} \tag{4-4-18}$$

代入式(4-4-16)，并顾及 $Q_\varphi = f^T Q_{\hat{X}} f$、式(4-4-14)，有

$$\begin{aligned} V_{\varphi_i} &\leqslant \sqrt{f^T Q_{\hat{X}} f} \sqrt{B_i Q_{\hat{X}} B_i^T P_i e_{0_i}} \\ &= \sqrt{Q_\varphi} \sqrt{B_i Q_{\hat{X}} B_i^T P_i} \sqrt{P_i} e_{0_i} \\ &= \frac{\sigma_{\varphi_i}}{\sigma_0} \sqrt{1-r_i} \sqrt{P_i} \frac{\delta_{0_i}}{\sqrt{r_i}} \sigma_{L_i} \\ &= \sigma_{\varphi_i} \delta_{0_i} \sqrt{\frac{1-r_i}{r_i}} \\ &= \bar{\delta}_{0_i} \sigma_{\varphi_i} \end{aligned} \tag{4-4-19}$$

由上式看出，$\bar{\delta}_{0_i}$ 的意义在于未被发现的最大粗差 e_{0_i} 对平差参数的函数 φ_i 的影响，为其中误差 σ_{φ_i} 的最大倍数，或者说，V_{φ_i} 比 σ_{φ_i} 大 $\bar{\delta}_{0_i}$ 倍。用以检验该平差系统的灵敏度。

例 4.5 图 4-8 所示水准网中，A、B 为已知高程水准点，P_1、P_2 和 P_3 为待定点，观测高差和相应的水准路线长度见表 4-6，在一定显著水平和检验功效下，评定此网的可靠性。

第 4 章 平差系统可靠性分析

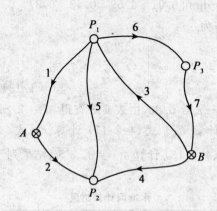

图 4-8 水准网示意图

表 4-6 观测数据与起始数据

路线号	观测高差(m)	路线长(km)	路线号	观测高差(m)	路线长(km)
1	1.359	1.1	5	0.657	2.4
2	2.009	1.7	6	0.238	1.4
3	0.363	2.3	7	−0.595	2.6
4	1.012	2.7	已知高程:$H_A = 5.016\text{m}, H_B = 6.016\text{m}$		

解 设 P_1、P_2 和 P_3 点平差后的高程为参数 $\hat{X} = [\hat{X}_1 \quad \hat{X}_2 \quad \hat{X}_3]^\text{T}$，$X_1^0 = 6.376\text{m}, X_2^0 = 7.025\text{m}, X_3^0 = 6.611\text{m}$，

误差方程为

$$V = \begin{bmatrix} 1 & 0 & 0 \\ 0 & 1 & 0 \\ 1 & 0 & 0 \\ 0 & 1 & 0 \\ -1 & 1 & 0 \\ -1 & 0 & 1 \\ 0 & 0 & -1 \end{bmatrix} \begin{bmatrix} \hat{x}_1 \\ \hat{x}_2 \\ \hat{x}_3 \end{bmatrix} - \begin{bmatrix} 0 \\ 0 \\ 3 \\ 3 \\ 8 \\ 3 \\ 0 \end{bmatrix} \text{(mm)}$$

各观测值独立，$\sigma_0 = \sigma_{\text{km}} = 1\text{mm}$，$P_i = \dfrac{1}{S_i}$，得观测值权阵为

$$P = \text{dign}[0.91 \quad 0.59 \quad 0.43 \quad 0.37 \quad 0.42]$$

解得未知数协因数阵为

$$Q_{\hat{x}} = N^{-1} = \begin{bmatrix} 0.5307 & & \\ & 0.7758 & \\ & & 1.1342 \end{bmatrix}$$

令 $\alpha = 0.05$，$1 - \beta = 0.80$，由表 6-3 查得 $\delta_0 = 2.8$。

由式 (4-3-11) 计算 δ_{w_i}，式 (4-2-11) 计算 r_i，式 (4-4-4) 计算 δ_{0_i}，式 (4-4-4) 计算 e_{0_i}，式 (4-4-13) 计算 $\sigma_{L_i} = \sigma_0 \sqrt{S_i}$，结果列于表 4-7 中。

表 4-7　　　　　　　　水准网计算结果

观测值	v(mm)	r	σ_L	δ_0	e_0	$\bar{\delta}_0$
1	-0.2	0.5175	1.05	3.89	4.09	2.70
2	2.9	0.5436	1.30	3.80	4.94	2.56
3	-4.2	0.7693	1.52	3.19	4.85	1.53
4	-0.1	0.7127	1.64	3.32	5.43	1.78
4	-3.9	0.5896	1.55	3.64	5.65	1.95
6	-0.6	0.3036	1.18	4.08	6.01	6.42
7	-1.1	0.5638	1.61	3.73	6.01	2.17

从表 4-7 中的数值看出：

(1) 第六个观测值的多余观测分量最少；其 δ_{0_6}、e_{0_6} 最大，即按内可靠性判断，第六个观测值的可靠性最差。

(2) 按外可靠性判断，$\bar{\delta}_{0_6}$ 最大，即第六个观测值的可靠性最差，内、外可靠性的判断是一样的。

第 5 章　回归模型的平差

5.1　概　　述

研究变量与变量之间的关系是测量数据平差的主要内容。变量之间的关系一般可分为两类：一类是变量之间具有确定性关系，称为函数相关；另一类是变量之间并不存在确定函数关系，而是存在所谓相关关系，或者说是统计上的相关关系，称为统计相关。这种统计相关的特点是，它们之间既存在着一定的制约关系，又不能由一个（或几个）变量数值精确地求出另一个变量的值来，由变量之间统计相关所建立的函数模型称为回归模型。

在建立回归模型时，首先要将相关关系的各变量分为因变量 y 和自变量 $x_1, x_2, \cdots, x_m$，因变量和自变量之间有一定的函数关系，但给定自变量尚不能完全确定因变量，因变量与自变量之间服从以下关系

$$y = f(z_0, z_1, \cdots, z_m) + \varepsilon \tag{5-1-1}$$

如果因变量与自变量之间的关系为线性的，即

$$y = z_0 + z_1 x_1 + z_2 x_2 + \cdots + z_m x_m + \varepsilon \tag{5-1-2}$$

上式中 $f(z_0, z_1, \cdots, z_m)$ 是一个未知的 $m+1$ 元函数，ε 为随机误差，ε 的期望和方差为

$$E(\varepsilon) = 0, \quad \sigma^2 = E(\varepsilon)^2 < \infty \tag{5-1-3}$$

式(5-1-1)或式(5-1-2)及式(5-1-3)称为回归模型，$z_j (j = 0, 1, \cdots, m)$ 称为回归模型的参数或称回归方程的系数，在回归模型中习惯用 β_j 表示。

回归模型是一种特殊的平差模型，当回归函数模型为式(5-1-2)时，仍可用高斯 - 马尔可夫模型表达

$$\begin{gathered} y = \underset{t,1}{B}X + \Delta \\ D(\Delta) = \sigma_0^2 Q = \sigma_0^2 P^{-1} \end{gathered} \tag{5-1-4}$$

对应于式(5-1-2)，上式中 $X = \begin{bmatrix} z_0 & z_2 & \cdots & z_m \end{bmatrix}^T, t = m+1, B =$

$[x_1 \quad x_2 \quad \cdots \quad x_m]$，$\Delta = \varepsilon$。

在线性回归模型式(5-1-2)中，若自变量 x 的个数只有一个，称为一元线性回归模型，自变量 x 的个数大于一个，称为多元线性回归模型。回归分析主要研究的问题是：

(1) 如何根据样本建立回归模型；
(2) 如何估计回归模型参数；
(3) 如何检验模型参数的显著性；
(4) 如何利用回归方程进行预报和控制；
(5) 几种特殊的回归模型。

5.2 线性回归模型

5.2.1 一元线性回归模型

若自变量 x 的个数只有一个，式(5-1-2)可写成

$$y = \beta_0 + \beta_1 x + \varepsilon \tag{5-2-1}$$

取期望和方差为

$$E(y) = \beta_0 + \beta_1 x \tag{5-2-2}$$

$$D(y) = D(\varepsilon) = \sigma^2 I_{n,n} \tag{5-2-3}$$

式中：I 为单位阵；随机变量 $y \sim N(E(y), \sigma^2)$。

式(5-2-1)是一元线性回归函数模型，式(5-2-2)是一元线性回归理论模型，式(5-2-3)是随机模型。

为了估计模型参数，需要对变量进行 n 次观测，得 n 组观测数据 (y_i, x_i) $(i = 1, 2, \cdots, n)$，代入方程(5-2-1)时有 n 个方程

$$y_i = \beta_0 + x_i \beta_1 + \varepsilon_i \quad (i = 1, 2, \cdots, n) \tag{5-2-4}$$

在回归分析中，假定自变量 x_i 是非随机变量，且没有测量误差，这就使我们研究的问题大大简化，令

$$Y = [y_1 \quad y_2 \quad \cdots \quad y_n]^T, \quad \varepsilon = [\varepsilon_1 \quad \varepsilon_2 \quad \cdots \quad \varepsilon_n]^T,$$

$$X = \begin{bmatrix} 1 & x_1 \\ 1 & x_2 \\ \vdots & \vdots \\ 1 & x_n \end{bmatrix}, \quad \beta = \begin{bmatrix} \beta_0 \\ \beta_1 \end{bmatrix}$$

则式(5-2-4)可写成矩阵形式

第 5 章　回归模型的平差

$$Y_{n,1} = X_{n,2} \cdot \beta_{2,1} + \varepsilon_{n,1} \tag{5-2-5}$$

一元回归参数估计的函数模型(5-2-5)和随机模型(5-2-3)与式(5-1-4)相比较,可以看出,在不考虑模型物理性质前提下,两者的参数最小二乘估计模型形式完全一致。从这个意义上来说,线性回归模型的参数估计也可看成是一种等权观测的间接平差问题。因此,我们学过的间接平差理论和方法完全可以用于回归模型的参数估计。

5.2.2　一元线性回归参数估计

当观测数 $n > 2$ 时,可用最小二乘准则估计参数 β。

设回归参数 β 的最小二乘估值为 $\hat{\beta}$,V 为误差 ε 的负估值,称为 Y 的改正数或残差,代入式(5-2-5)可得其误差方程

$$V = X\hat{\beta} - Y \tag{5-2-6}$$

根据最小二乘原理,$V^{\mathrm{T}}V = \min$,对 $V^{\mathrm{T}}V$ 求自由极值,得

$$\frac{\partial V^{\mathrm{T}}V}{\partial \beta} = 2V^{\mathrm{T}} \frac{\partial V}{\partial \hat{\beta}} = 2V^{\mathrm{T}} X = 0,$$

即

$$X^{\mathrm{T}}V = 0$$

将式(5-2-6)代入上式,即得法方程为

$$X^{\mathrm{T}}X\hat{\beta} = X^{\mathrm{T}}Y \tag{5-2-7}$$

式中:

$$X^{\mathrm{T}}X = \begin{bmatrix} n & \sum_{i=1}^{n} x_i \\ \sum_{i=1}^{n} x_i & \sum_{i=1}^{n} x_i^2 \end{bmatrix}; \quad X^{\mathrm{T}}Y = \begin{bmatrix} \sum_{i=1}^{n} y_i \\ \sum_{i=1}^{n} x_i y_i \end{bmatrix}$$

令

$$\left.\begin{aligned}
\overline{x} &= \frac{1}{n}\sum_{i=1}^{n} x_i, \quad \overline{y} = \frac{1}{n}\sum_{i=1}^{n} y_i, \\
S_{xx} &= \sum_{i=1}^{n}(x_i - \overline{x})^2 = \sum_{i=1}^{n} x_i^2 - n\overline{x}^2, \\
S_{xy} &= \sum_{i=1}^{n}(x_i - \overline{x})(y_i - \overline{y}) = \sum_{i=1}^{n} x_i y_i - n\overline{x}\overline{y}
\end{aligned}\right\} \tag{5-2-8}$$

则
$$X^{\mathrm{T}}X = \begin{bmatrix} n & n\overline{x} \\ n\overline{x} & S_{xx}+n\overline{x}^2 \end{bmatrix}, \quad X^{\mathrm{T}}Y = \begin{bmatrix} n\overline{y} \\ S_{xy}+n\overline{x}\,\overline{y} \end{bmatrix} \tag{5-2-9}$$

由此可得参数的最小二乘估值为
$$\hat{\beta} = (X^{\mathrm{T}}X)^{-1}X^{\mathrm{T}}Y \tag{5-2-10}$$

或
$$\hat{\beta} = \frac{1}{S_{xx}}\begin{bmatrix} \frac{1}{n}(S_{xx}+n\overline{x}^2) & -\overline{x} \\ -\overline{x} & 1 \end{bmatrix}\begin{bmatrix} n\overline{y} \\ S_{xy}+n\overline{x}\,\overline{y} \end{bmatrix} = \frac{1}{S_{xx}}\begin{bmatrix} \overline{y}S_{xx}-\overline{x}S_{xy} \\ S_{xy} \end{bmatrix},$$

$$\hat{\beta}_0 = \overline{y}-\overline{x}\frac{S_{xy}}{S_{xx}} = \overline{y}-\overline{x}\hat{\beta}_1,\quad \hat{\beta}_1 = \frac{S_{xy}}{S_{xx}} \tag{5-2-11}$$

最后,一元线性回归方程为
$$\hat{y} = \hat{\beta}_0 + \hat{\beta}_1 x \tag{5-2-12}$$

相应的残差
$$V = \hat{y} - y \tag{5-2-13}$$

观测值 y_i 的方差估值为
$$\hat{\sigma}^2 = \frac{V^{\mathrm{T}}V}{n-2} \tag{5-2-14}$$

参数估值的精度评定。按间接平差理论,由表 1-2 知,$\hat{\beta}$ 的协因数阵为
$$Q_{\hat{\beta}\hat{\beta}} = (X^{\mathrm{T}}X)^{-1} = \frac{1}{S_{xx}}\begin{bmatrix} \frac{1}{n}(S_{xx}+n\overline{x}^2) & -\overline{x} \\ -\overline{x} & 1 \end{bmatrix}, \tag{5-2-15}$$

即
$$Q_{\hat{\beta}_0\hat{\beta}_0} = \frac{1}{n}+\frac{\overline{x}^2}{S_{xx}},\quad Q_{\hat{\beta}_1\hat{\beta}_1} = \frac{1}{S_{xx}},\quad Q_{\hat{\beta}_0\hat{\beta}_1} = -\frac{\overline{x}}{S_{xx}}, \tag{5-2-16}$$

$\hat{\beta}$ 的方差估值为
$$\sigma_{\hat{\beta}_0}^2 = \hat{\sigma}^2\left(\frac{1}{n}+\frac{\overline{x}^2}{S_{xx}}\right),\quad \sigma_{\hat{\beta}_2}^2 = \hat{\sigma}^2\frac{1}{S_{xx}} \tag{5-2-17}$$

例 5.1 某水电站为了监测和预报库水位和大坝坝基沉陷量之间的关系,统计了某年 12 个月的月平均库水位和沉陷量的数据,如表 5-1 所示,试分析库水位与坝基沉陷量之间的关系,并求出表示大坝库水位和坝基沉陷量之间的一元线性回归方程。

表 5-1   观测数据

编号	库水位 (m)	沉陷量 (mm)	编号	库水位 (m)	沉陷量 (mm)
1	102.714	−1.96	7	135.046	−5.46
2	95.154	−1.88	8	140.373	−5.69
3	114.364	−3.96	9	144.958	−3.94
4	120.170	−3.31	10	141.011	−5.82
5	126.630	−4.94	11	130.308	−4.18
6	129.393	−5.69	12	121.234	−2.90

以 X 轴表示库水位,以 Y 轴表示大坝坝基沉陷量,作散点图(见图 5-1)。由图认为,这些散点的分布可用一条直线方程表示,即 $y = \beta_0 + \beta_1 x$,这是一元回归分析问题。

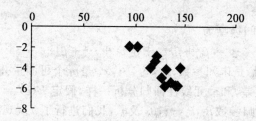

图 5-1

解 (1) 按式(5-2-11)计算 β_0、β_1 的估值 $\hat{\beta}_0$、$\hat{\beta}_1$。

$$\bar{x} = \frac{1}{12}\sum_{i=1}^{12} x_i = 125.1129, \quad \bar{y} = \frac{1}{12}\sum_{i=1}^{12} y_i = -4.1442,$$

$$S_{xx} = \sum_{i=1}^{n}(x_i - \bar{x})^2 = 2579.9880,$$

$$S_{xy} = \sum_{i=1}^{n}(x_i - \bar{x})(y_i - \bar{y}) = -194.9442,$$

$$\hat{\beta}_1 = \frac{S_{xy}}{S_{xx}} = \frac{-194.9442}{2579.9880} = -0.0756,$$

$$\hat{\beta}_0 = \overline{y} - \overline{x}\hat{\beta}_1 = 5.3094$$

故回归方程为

$$\hat{y} = 5.3094 - 0.0756x$$

(2) 按式(5-2-14)、式(5-2-16)、式(5-2-17)评定参数估值的精度

$$\hat{\sigma}^2 = \frac{V^T V}{n-2} = \frac{7.4400}{12-2} = 0.7440 (\text{mm}^2),$$

$$\sigma_{\hat{\beta}_0}^2 = \hat{\sigma}^2 \left(\frac{1}{n} + \frac{\overline{x}^2}{S_{xx}} \right) = 0.7440 \times 6.1505 = 4.5760,$$

$$\sigma_{\hat{\beta}_2}^2 = \hat{\sigma}^2 \frac{1}{S_{xx}} = 0.7440 \times 0.0004 = 0.0003$$

5.2.3 多元线性回归的最小二乘估计

一元线性回归模型中只有一个自变量，但在实际问题中，影响变量 Y 的因素往往不止一个，而包含多种影响的多个自变量。例如在大坝变形监测中，影响大坝位移 Y 的因素有温度、水位压力等多个自变量，这就是多元回归问题。多元回归中最简单的是多元线性回归，其研究方法和思想与一元线性回归相同。

多元线性回归模型为

$$y = \beta_0 + \beta_1 x_1 + \beta_2 x_2 + \cdots + \beta_m x_m + \varepsilon \quad (5\text{-}2\text{-}18)$$

式中：$\beta_0, \beta_1, \cdots, \beta_m$ 是未知参数；$x_1, x_2, \cdots, x_m$ 是 m 个可测量并可控制的非随机变量，ε 是随机误差，和一元线性回归分析一样，假定 $E(\varepsilon) = 0$，$D(\varepsilon) = \sigma^2$。

为了估计回归参数 $\beta_0, \beta_1, \cdots, \beta_m$ 及 σ^2，我们进行了 n 次观测，得 n 组观测数据 $(y_i, x_{i1}, x_{i2}, \cdots, x_{im})$，$i = 1, 2, \cdots, n$，它们应有的回归关系可写成如下形式

$$\begin{aligned} y_1 &= \beta_0 + \beta_1 x_{11} + \beta_2 x_{12} + \cdots + \beta_m x_{1m} + \varepsilon_1 \\ y_2 &= \beta_0 + \beta_1 x_{21} + \beta_2 x_{22} + \cdots + \beta_m x_{2m} + \varepsilon_2 \\ &\cdots \cdots \\ y_n &= \beta_0 + \beta_1 x_{n1} + \beta_2 x_{n2} + \cdots + \beta_m x_{nm} + \varepsilon_n \end{aligned} \quad (5\text{-}2\text{-}19)$$

此即多元线性回归的函数模型。

若记

$$\underset{n,1}{Y} = \begin{bmatrix} y_1 \\ y_2 \\ \vdots \\ y_n \end{bmatrix}, \underset{m+1,1}{\beta} = \begin{bmatrix} \beta_0 \\ \beta_1 \\ \beta_2 \\ \vdots \\ \beta_m \end{bmatrix}, \underset{n,m+1}{X} = \begin{bmatrix} 1 & x_{11} & x_{12} & \cdots & x_{1m} \\ 1 & x_{21} & x_{22} & \cdots & x_{2m} \\ \vdots & \vdots & \vdots & & \vdots \\ 1 & x_{n1} & x_{n2} & \cdots & x_{nm} \end{bmatrix}, \underset{n,1}{\varepsilon} = \begin{bmatrix} \varepsilon_1 \\ \varepsilon_2 \\ \vdots \\ \varepsilon_n \end{bmatrix}$$

则有
$$Y = X\beta + \varepsilon \tag{5-2-20}$$

由 $y_i, x_{i1}, x_{i2}, \cdots, x_{im}$，求 $m+1$ 个未知的回归参数 $\beta_0, \beta_1, \cdots, \beta_m$ 的最小二乘估值 $\hat{\beta}_0, \hat{\beta}_1, \cdots, \hat{\beta}_m$，可组成如下误差方程：

$$V = X\hat{\beta} - Y \tag{5-2-21}$$

在最小二乘估计 $V^TV = \min$ 的准则下，得法方程为：

$$X^T X \hat{\beta} = X^T Y \tag{5-2-22}$$

可解得

$$\hat{\beta} = (X^T X)^{-1} A^T Y \tag{5-2-23}$$

求得回归参数后，可得到多元线性回归方程为

$$\hat{Y} = \hat{\beta}_0 + \hat{\beta}_1 x_1 + \hat{\beta}_2 x_2 + \cdots + \hat{\beta}_m x_m = X\hat{\beta} \tag{5-2-24}$$

以及残差

$$V = \hat{Y} - Y \tag{5-2-25}$$

参数估值的精度评定：

$\hat{\beta}$ 的协因数及方差为

$$Q_{\hat{\beta}\hat{\beta}} = (X^T X)^{-1}, \tag{5-2-26}$$

$$D(\hat{\beta}) = \sigma^2 Q_{\hat{\beta}\hat{\beta}}, \tag{5-2-27}$$

观测值 y 的方差估值为

$$\hat{\sigma}^2 = \frac{V^T V}{n-(m+1)} \tag{5-2-28}$$

参数估值 $\hat{\beta}$ 的函数 $\hat{Y}$ 及 V 的精度估计：

由式(3-3-22)知 $\hat{Y}$ 的方差为

$$D(\hat{Y}) = \sigma^2 X Q_{\hat{\beta}\hat{\beta}} X^T = \sigma^2 X (X^T X)^{-1} X^T \tag{5-2-29}$$

因为 V 与 $\hat{Y}$ 不相关，即 $\sigma_{V\hat{Y}} = 0$ 或 $Q_{V\hat{Y}} = 0$（见表 1-2）故由式(5-2-25)$Y = \hat{Y} - V$，可得

$$D(Y) = D(\hat{Y}) + D(V)$$

$$D(V) = D(Y) - D(\hat{Y}) = \sigma^2 [I - X(X^T X)^{-1} X^T] \tag{5-2-30}$$

以上结果也可直接由表 1-2 查得。

5.3 线性回归模型的统计分布和统计性质

5.3.1 回归模型常用的统计分布及其检验方法

1. 正态分布

设观测向量为 $\underset{n,1}{L} = [L_1 \quad \cdots \quad L_n]^T$,其中 $L_i \sim N(\widetilde{L}_i, \sigma_i^2)$,真误差 $\Delta_i = \widetilde{L}_i - L_i$ 的期望 $E(\Delta_i) = 0$,参数向量为 $\underset{t,1}{X} = [X_1 \quad \cdots \quad X_n]^T$,通过平差计算,可获得其中参数 X_i 的估值 $\hat{X}_i$,并可表示为观测值的线性函数

$$\hat{X}_i = \alpha_{i1}L_1 + \alpha_{i2}L_2 + \cdots + \alpha_{in}L_n = \alpha_i^T L \tag{5-3-1}$$

式中:$\alpha_i^T = [\alpha_{i1} \quad \cdots \quad \alpha_{in}]$,按误差传播定律得

$$\sigma_{\hat{X}_i}^2 = \sigma_0^2 \alpha_i^T Q \alpha_i = \sigma_0^2 Q_{\hat{X}_i \hat{X}_i} \tag{5-3-2}$$

由于 $\hat{X}_i$ 是正态变量 L_i 的线性函数,$\hat{X}_i$ 也是正态变量,设 $\hat{X}_i$ 的期望为 $E(\hat{X}_i) = X_i$,则 $\hat{X}_i$ 为期望和方差分别是 X_i 和 $\sigma_{\hat{X}_i}^2$ 的正态分布统计量,记为

$$\hat{X}_i \sim N(X_i, \sigma_{\hat{X}_i}^2) \tag{5-3-3}$$

对正态变量 $\hat{X}_i$ 标准化,有

$$u = \frac{\hat{X}_i - X_i}{\sigma_{\hat{X}_i}} \sim N(0,1) \tag{5-3-4}$$

统计量 u 的概率表达式为

$$P\left\{-u_{\frac{\alpha}{2}} < \frac{\hat{X}_i - X_i}{\sigma_{\hat{X}_i}} < u_{\frac{\alpha}{2}}\right\} = 1 - \alpha \tag{5-3-5}$$

由正态分布引出 χ^2 分布、t 分布、F 分布三种分布。

2. χ^2 分布统计量

在平差系统中,残差平方和 $V^T P V$ 是一个重要的统计量,因此,要了解其概率分布。

已知统计数学中的二次型分布定理为:

设 $X \sim N(\mu, \Sigma)$,M 为对称阵,且有 $M\Sigma$ 为幂等阵,则二次型 $X^T M X$ 服从非中心化的 χ^2 分布:

$$X^T M X \sim \chi^2(R(M), \mu^T M \mu) \tag{5-3-6}$$

式中:$R(M)$ 为 M 的秩,是 χ^2 变量的自由度;$\lambda = \mu^T M \mu$ 为 χ^2 分布的非中心

参数。

按上述定理,导出平差模型中残差平方和的概率分布[9]:

由式(1-2-8)和表 1-2 得

$$V = (BQ_{\hat{X}\hat{X}}B^T - Q)Pl = -Q_{VV}Pl \tag{5-3-7}$$

式中:$Q_{VV}P$ 为幂等阵,由此可得残差平方和

$$V^T PV = l^T PQ_{VV}PQ_{VV}Pl = l^T PQ_{VV}Pl \tag{5-3-8}$$

将上式两边乘以 $\frac{1}{\sigma_0^2}$,得统计量

$$\frac{V^T PV}{\sigma_0^2} = l^T \frac{PQ_{VV}P}{\sigma_0^2} l \tag{5-3-9}$$

上式右端是以 $\frac{PQ_{VV}P}{\sigma_0^2}$ 为对称阵 M 的 l 的二次型,$l \sim N(BX, \sigma_0^2 Q)$,

$M\Sigma = \frac{PQ_{VV}P}{\sigma_0^2}\sigma_0^2 Q = PQ_{VV}, PQ_{VV}PQ_{VV} = PQ_{VV}$ 为幂等阵,所以

$$\frac{V^T PV}{\sigma_0^2} \sim \chi^2(R(M), (BX)^T MBX) \tag{5-3-10}$$

上式中,秩 $R(M) = R(M\Sigma) = R(PQ_{VV})$,因为幂等阵的秩等于其迹,故

$$R(M) = R(M\Sigma)$$
$$= \operatorname{tr}(PQ_{VV}) = \operatorname{tr}(P(Q - BQ_{\hat{X}\hat{X}}B^T))$$
$$= \operatorname{tr}(I) - \operatorname{tr}(PBQ_{\hat{X}\hat{X}}B^T)$$

考虑到矩阵迹的运算性质 $\operatorname{tr}(AB) = \operatorname{tr}(BA)$,有

$$\operatorname{tr}(PBQ_{\hat{X}\hat{X}}B^T) = \operatorname{tr}(B^T PBQ_{\hat{X}\hat{X}}) = \operatorname{tr}(Q_{\hat{X}\hat{X}}^{-1} Q_{\hat{X}\hat{X}}) = \operatorname{tr}(I)_{t,t} = t$$

所以,自由度

$$R(M) = n - t \tag{5-3-11}$$

非中心参数

$$\lambda = (BX)^T MBX = X^T B^T \frac{PQ_{VV}P}{\sigma_0^2} BX$$

$$= (BX)^T MBX = X^T B^T \frac{PQ_{VV}P}{\sigma_0^2} BX$$

$$= \frac{1}{\sigma_0^2} X^T B^T (P - PBQ_{\hat{X}\hat{X}}B^T P)BX$$

$$= \frac{1}{\sigma_0^2}(X^T B^T PBX - X^T B^T PBX) = 0 \tag{5-3-12}$$

由此,式(5-3-10)为

$$\frac{V^{\mathrm{T}}PV}{\sigma_0^2} \sim \chi^2(f), \quad f = n - t \tag{5-3-13}$$

即统计量 $\dfrac{V^{\mathrm{T}}PV}{\sigma_0^2}$ 服从自由度为 $n-t$ 的 χ^2 分布,其概率表达式

$$P\left\{\chi_{1-\frac{\alpha}{2}}^2 < \frac{V^{\mathrm{T}}PV}{\sigma_0^2} < \chi_{\frac{\alpha}{2}}^2\right\} = 1 - \alpha \tag{5-3-14}$$

3. t 分布统计量

定义:随机变量 X、Y 相互独立,如果 $X \sim N(0,1)$,$Y \sim \chi^2(f)$,则统计量 $\dfrac{X}{\sqrt{Y/f}}$ 服从自由度为 f 的 t 分布。

标准正态分布统计量式(5-3-4)中的分母计算式 $\sigma_{\hat{X}_i} = \sigma_0\sqrt{Q_{\hat{X}_i\hat{X}_i}}$,其中 σ_0 为母体单位权中误差,通常是未知的。在实际问题中,一般用平差计算的估值 $\hat{\sigma}_0$ 代替 σ_0,这样所得的统计量就不是标准正态统计量。

σ_0 为母体单位权标准差,在实际问题中经常是未知的。

因为 $\dfrac{\hat{X}_i - X_i}{\sigma_0\sqrt{Q_{\hat{X}_i\hat{X}_i}}} \sim N(0,1)$,$\dfrac{V^{\mathrm{T}}PV}{\sigma_0^2} \sim \chi^2(n-t)$,故 $\hat{X}_i$ 和 V_i 相互独立。

根据定义

$$t = \frac{\hat{X}_i - X_i}{\sigma_0\sqrt{Q_{\hat{X}_i\hat{X}_i}}} \bigg/ \sqrt{\frac{V^{\mathrm{T}}PV}{\sigma_0^2(n-t)}} = \frac{\hat{X}_i - X_i}{\hat{\sigma}_0\sqrt{Q_{\hat{X}_i\hat{X}_i}}} \sim t(n-t) \tag{5-3-15}$$

其中:
$$\hat{\sigma}_0 = \frac{V^{\mathrm{T}}PV}{n-t}$$

统计量 t 的概率表达式为

$$P\left\{-t_{\frac{\alpha}{2}} < \frac{\hat{X}_i - X_i}{\hat{\sigma}_0\sqrt{Q_{\hat{X}_i\hat{X}_i}}} < t_{\frac{\alpha}{2}}\right\} = 1 - \alpha \tag{5-3-16}$$

4. F 分布统计量

定义:随机变量 X、Y 相互独立,$X \sim \chi^2(n_1)$,$Y \sim \chi^2(n_2)$,

$$F = \frac{X/n_1}{Y/n_2} \sim F(n_1, n_2) \tag{5-3-17}$$

F 分布统计量的概率表达式为

$$P\left\{F_{1-\frac{\alpha}{2}} < \frac{\hat{\sigma}_{01}^2}{\hat{\sigma}_{011}^2} < F_{\frac{\alpha}{2}}\right\} = 1 - \alpha \tag{5-3-18}$$

5.3.2 回归模型的统计性质

1. Y、$\hat{\beta}$、$\hat{Y}$、V 均为正态变量

在线性回归模型中,假定 Y 为具有期望 $E(Y)$、方差 $D(Y)$ 的正态变量,即 $Y \sim N(E(Y), D(Y))$。根据正态变量的线性函数仍为正态变量的统计理论,由式(5-2-23)、式(5-2-24)及式(5-2-25)知 $\hat{\beta}$、$\hat{Y}$ 和 V 都是 Y 的线性函数,故 $\hat{\beta}$、$\hat{Y}$、V 都是正态变量,即有

$$\left.\begin{array}{l}\hat{\beta} \sim N(\beta, D(\hat{\beta})) \\ \hat{Y} \sim N(E(Y), D(\hat{Y})) \\ V \sim N(E(V), D(V))\end{array}\right\} \tag{5-3-19}$$

式中:

$$E(V) = E(X\hat{\beta}) - E(Y) = X\beta - X\beta = 0$$

2. $\hat{\beta}$ 是 β 的无偏估计

将式(5-2-20)两边取期望,得

$$E(Y) = E(X\beta) + E(\varepsilon) = X\beta \tag{5-3-20}$$

故有

$$\begin{aligned}E(\hat{\beta}) &= E[(X^\mathrm{T}X)^{-1}X^\mathrm{T}Y] \\ &= (X^\mathrm{T}X)^{-1}X^\mathrm{T}E(Y) = \beta\end{aligned} \tag{5-3-21}$$

3. $\hat{\beta}$ 是 β 的最优线性无偏估计

如果估计量无偏,而且具有方差最小性,则称估计量为最优线性无偏估计。

设线性回归模型式(5-2-6)、式(5-2-7)的最优线性无偏估计 β 的任一线性函数为

$$G^\mathrm{T}\hat{\beta} = F^\mathrm{T}Y \tag{5-3-22}$$

如果 $\hat{\beta}$ 为 β 的无偏估计,必有

$$E(G^\mathrm{T}\hat{\beta}) = F^\mathrm{T}E(Y) = F^\mathrm{T}X\beta = G^\mathrm{T}\beta$$

即下列等式必须成立

$$F^\mathrm{T}X = G^\mathrm{T} \tag{5-3-23}$$

这是无偏性条件方程。

线性函数 $G^\mathrm{T}\hat{\beta}$ 的方差为

$$D(G^T\hat{\beta}) = F^T D(Y) F = \sigma^2 F^T F \qquad (5-3-24)$$

如果 $\hat{\beta}$ 是无偏的而是具有方差最小性,就必须在满足无偏条件(5-3-23)的前提下,$G\hat{\beta}$ 的方差为最小,即应满足如下条件极值式:

$$\varphi = F^T F - 2K^T(F^T X - G^T) = \min \qquad (5-3-25)$$

式中:变量为 F,故有

$$\frac{\partial \varphi}{\partial F} = 2F^T - 2K^T X^T = 0$$

$$F^T = K^T X^T \qquad (5-3-26)$$

将上式代入条件式(5-3-23),得

$$K^T X^T X = G^T$$

$$K = (X^T X)^{-1} G$$

将上式代入式(5-3-26)得

$$F^T = G^T (X^T X)^{-1} X^T \qquad (5-3-27)$$

将上式代入式(5-3-22)得

$$G^T \hat{\beta} = G^T (X^T X)^{-1} X^T Y \qquad (5-3-28)$$

或

$$\hat{\beta} = (X^T X)^{-1} X^T Y \qquad (5-3-29)$$

所以 $\hat{\beta}$ 为 β 的最优线性无偏估计。

4. $\hat{\sigma}^2$ 是 σ^2 的无偏估计

由式(5-3-13)知,回归模型中残差平方和除以观测值母体方差 σ^2 为具有自由度 $f = n - (m+1)$ 的 χ^2 分布变量,即

$$\frac{V^T V}{\sigma_0^2} \sim \chi^2(f) \qquad (5-3-30)$$

由 χ^2 变量的性质,χ^2 变量的期望等于该变量的自由度,故有

$$E\left(\frac{V^T V}{\sigma^2}\right) = f = n - (m+1)$$

即

$$E(\hat{\sigma}^2) = E\left(\frac{V^T V}{n - (m+1)}\right) = \sigma^2 \qquad (5-3-31)$$

所以,$\hat{\sigma}^2$ 为 σ^2 的无偏估计。

5.4 回归模型正确性检验

在实际问题中,我们事先并不能断定 y 与 $x_1, x_2, \cdots, x_m$ 之间有线性关系,

如在一元回归分析中,试验点不那么接近一条直线,这时也可用最小二乘法得到一条回归直线,但这条直线并没有很好地反映变量 x 和 y 的实际关系,没有应用价值,因此,必须有一个数量性指标来描述两个变量间线性相关的程度,这一指标通常采用相关系数。对于一元线性回归方程,检验 y 与 x 是否相关(即检验回归方程是否显著),除了相关系数检验,还可用方差分析法。对于多元线性回归模型,回归方程显著并不意味着每个自变量 $x_1, x_2, \cdots, x_m$ 对 y 的影响都是一样重要的,可能有的变量有重要作用,而有的则可有可无。也就是说,自变量中有主要因素和次要因素之分,因此,除了要进行回归方程显著性检验外,还需要对回归系数进行显著性检验。

5.4.1 相关系数及其检验

一元线性回归方程的前提是变量 y 与 x 应存在线性的统计相关,因此,必须有一个数量性指标来描述两个变量间线性相关的程度,这一指标通常采用相关系数。

1. 相关系数

设有两个变量 x 与 y,其方差分别为 σ_x^2, σ_y^2,协方差为 σ_{xy},则其相关系数定义为

$$\rho = \frac{\sigma_{xy}}{\sigma_x \sigma_y} \tag{5-4-1}$$

相关系数 ρ 的值域为

$$-1 \leqslant \rho \leqslant 1 \tag{5-4-2}$$

因为 σ_x 和 σ_y 皆为正,故 ρ 与 σ_{xy} 同正负。ρ 为正,称 y 与 x 正相关;ρ 为负,称 y 与 x 负相关;当 $\rho = 0$ 时,称 y 与 x 不相关。

设有数据 $(x_i, y_i)(i = 1, 2, \cdots, n)$,则其方差协方差的估值(子样方差、协方差)为

$$\left. \begin{aligned} \hat{\sigma}_x^2 &= \frac{1}{n} \sum_{i=1}^{n} (x_i - \overline{x})^2 \\ \hat{\sigma}_y^2 &= \frac{1}{n} \sum_{i=1}^{n} (y_i - \overline{y})^2 \\ \hat{\sigma}_{xy} &= \frac{1}{n} \sum_{i=1}^{n} [(x_i - \overline{x})(y_i - \overline{y})] \end{aligned} \right\} \tag{5-4-3}$$

则相关系数估值(子样相关系数)为

$$\hat{\rho} = \frac{\sum_{i=1}^{n}(x_i - \overline{x})(y_i - \overline{y})}{\sqrt{\sum_{i=1}^{n}(x_i - \overline{x})^2 \sum_{i=1}^{n}(y_i - \overline{y})^2}} = \frac{S_{xy}}{\sqrt{S_{xx}S_{yy}}} \tag{5-4-4}$$

式中顾及了式(5-2-8)并令 $S_{yy} = \sum_{i=1}^{n}(y_i - \overline{y})^2$。

2. 相关系数检验

要检验变量 y 与 x 是否相关,可建立如下原假设和备选假设:
$$H_0: E(\hat{\rho}) = \rho = 0,$$
$$H_1: \rho \neq 0。$$

为了检验 H_0,可选取式(5-4-4)的 $\hat{\rho}$ 为统计量,为此要研究子样相关系数 $\hat{\rho}$ 的概率分布。

在文献[16]中已导出,在原假设成立($\rho = 0$)时,$\hat{\rho}$ 的密度函数为

$$f(\hat{\rho}) = \frac{\Gamma\left(\frac{n-1}{2}\right)}{\sqrt{\pi}\,\Gamma\left(\frac{n-2}{2}\right)}(1 - \hat{\rho}^2)^{\frac{n-4}{2}} \tag{5-4-5}$$

即当 $\rho = 0$ 时,$\hat{\rho}$ 是具有概率密度为式(5-4-5)的 $\hat{\rho}$ 分布统计量,其自由度 $f = n - 2$。

据此,在一定显著水平 α 下编制了相关系数表,表中自由度 $f = n - 2$(见文献[16])。

如果由式(5-4-4)计算的 $\hat{\rho}$,大于以 f 和 α 为引数由表中查得的 ρ_α 值,即 $|\hat{\rho}| > \rho_\alpha$,说明 $\rho \neq 0$,y 与 x 统计相关;若 $|\hat{\rho}| < \rho_\alpha$,则认为在 α 水平下 y 与 x 不相关,这就是相关系数检验方法。

例 5.2 同例 5.1,试用相关系数检验该直线回归方程的显著性。

解 $H_0: \rho = 0;\ H_1: \rho \neq 0。$

计算统计量:
$$\hat{\rho} = \frac{S_{xy}}{\sqrt{S_{xx}S_{yy}}} = \frac{-194.94}{\sqrt{2580.00 \times 22.17}} = -0.8151$$

以 $\alpha = 0.05, f = 12 - 2 = 10$ 查相关系数表得 $\rho_\alpha = 0.578$。因 $|\hat{\rho}| > 0.578$,y 与 x 统计相关,直线回归模型有效。

在多元线性回归模型中,相关系数还可用来判断模型中的主要参数和次要参数以及两参数间是否相关,这也是多元线性回归分析的一个重要内容。在

式(5-2-21) 中令
$$X_{n,m+1} = (x_0 \quad x_1 \quad x_2 \quad \cdots \quad x_m)$$
则该式为
$$V = \hat{\beta}_0 x_0 + \hat{\beta}_1 x_1 + \hat{\beta}_2 x_2 + \cdots + \hat{\beta}_m x_m - y \tag{5-4-6}$$
式中：$x_0 = [1 \quad 1 \quad \cdots \quad 1]^T$。通过各 $x_j(j=1,2,\cdots,m)$ 与 y 的相关系数检验，相关性强的相应参数 β_j 就是主要参数，相关系数检验接受 H_0 的相应参数可考虑在模型中予以剔除。类似地，通过对 x_j 与 x_k 的相关系数检验，可判断相应参数 β_j 与 β_k 是否相关，在建模时也要考虑这一相关因素。

5.4.2 方差分析法

采用方差分析法进行回归方程总体显著性检验。

设随机变量 Y 的 n 个观测值之间的差异，用观测值 y_i 与其平均值 $\bar{y}$ 的偏差平方和来表示，称为总偏差平方和，记为

$$S_{总} = \sum_{i=1}^{n}(y_i - \bar{y})^2 \tag{5-4-7}$$

按方差分析法，可将 $S_{总}$ 进行如下分解

$$S_{总} = \sum_{i=1}^{n}[(y_i - \hat{y}_i) + (\hat{y}_i - \bar{y})]^2$$
$$= \sum_{i=1}^{n}(y_i - \hat{y}_i)^2 + \sum_{i=1}^{n}(\hat{y}_i - \bar{y})^2 + 2\sum(y_i - \hat{y})(\hat{y}_i - \bar{y})$$

式中：$\sum_{i=1}^{n}(\hat{y}_i - \bar{y})^2$ 称为回归平方和，记为 $S_{回}$，$\sum(y_i - \hat{y})^2$ 称为残差平方和，记为 $S_{残}$，即

$$S_{回} = \sum_{i=1}^{n}(\hat{y}_i - \bar{y})^2, \tag{5-4-8}$$

$$S_{残} = \sum_{i=1}^{n}(y_i - \hat{y}_i)^2 \tag{5-4-9}$$

式中：最后一项为零，这是由于

$$\sum(y_i - \hat{y}_i)(\hat{y}_i - \bar{y})$$
$$= \sum(y_i - \hat{y}_i)\hat{y}_i - \sum(y_i - \hat{y}_i)\bar{y} = -\sum v_i \hat{y}_i + \bar{y}\sum v_i$$
$$= -V^T \hat{Y} = -V^T X \hat{\beta} = -(X^T V)^T \hat{\beta} = 0$$

这样有总偏差平方和的分解公式

$$S_{总} = S_{残} + S_{回} \quad (5\text{-}4\text{-}10)$$

由此可见，y 的总偏差由两个原因造成，$S_{回}$ 表示了当变量 y 和 x 之间完全按照回归方程变化时，变量 x_i 的变化而引起的 $\hat{y}_i$ 对 $\bar{y}$ 的偏离平方和，即回归平方和。另一部分为残差平方和 $S_{残}$，它表示各种偶然因素干扰所引起的 y_i 与 $\hat{y}_i$ 偏离的平方和。$S_{回}$ 在 $S_{总}$ 中所占分量越大，$S_{残}$ 就越小，表示描述 y 与 x 的线性关系的回归方程效果越显著；反之，$S_{回}$ 越小，$S_{残}$ 就越大，这种回归方程的显著性就越差。但 $S_{回}$、$S_{残}$ 数值上的大小并不能直接比较，因为它们与各自的自由度有关，为此，需要对 $S_{回}$、$S_{残}$ 构建统计量，从总体检验回归方程的显著性。下面是方差分析法构建统计量的方法。

检验的原假设为

$$H_0: \beta_1 = \beta_2 = \cdots = \beta_m = 0, \quad H_1: \beta_i \text{ 不全为零} \quad (5\text{-}4\text{-}11)$$

当原假设 H_0 成立时，回归效果不显著，或者说所建立的回归方程不成立。此时 $y_i(i=1,2,\cdots,n)$，与 x_i 无统计关系，y_i 仅是 $E(y)$ 的一组观测值。

因为观测值 $y_i \sim N(E(y_i), \sigma^2)$，由式(5-3-13)知

$$\frac{\sum_{i=1}^{n}(y_i - \hat{y})^2}{\sigma^2} = \frac{S_{残}}{\sigma^2} \sim \chi^2(n-(m+1)) \quad (5\text{-}4\text{-}12)$$

当 H_0 成立时，总偏差平方和除以 σ^2 也是 χ^2 分布，即

$$\frac{\sum_{i=1}^{n}(y_i - \bar{y})^2}{\sigma^2} = \frac{S_{总}}{\sigma^2} \sim \chi^2(n-1) \quad (5\text{-}4\text{-}13)$$

将式(5-4-10)两边各除以母体方差 σ^2，得

$$\frac{S_{总}}{\sigma^2} = \frac{S_{残}}{\sigma^2} + \frac{S_{回}}{\sigma^2} \quad (5\text{-}4\text{-}14)$$

由于 $v_i = \hat{y}_i - y_i$ 与 $\hat{y}_i$ 的协因数 $Q_{v_i \hat{y}_i} = 0$(见表 1-2)，v_i 与 $\hat{y}_i$ 独立，故 $S_{残}$ 与 $S_{回}$ 也不相关，按 χ^2 变量可加性定理，有

$$\chi^2_{(f)} = \chi^2_{(f_1)} + \chi^2_{(f_2)}, \quad f = f_1 + f_2 \quad (5\text{-}4\text{-}15)$$

由式(5-4-12)、式(5-4-13)可得

$$\frac{S_{回}}{\sigma^2} \sim \chi^2(m) \quad (5\text{-}4\text{-}16)$$

从以上推导可知，只有当 H_0 成立时，式(5-4-16)、式(5-4-13)才成立，否则式(5-4-16)的 $\frac{S_{回}}{\sigma^2}$ 不是 $\chi^2(m)$ 变量。

由此，当 H_0 成立时，可构建服从 F 分布的变量为

$$F = \frac{S_{回}/m}{S_{残}/[n-(m+1)]} \quad (5\text{-}4\text{-}17)$$

用统计量 F 来检验原假设 $H_0: \beta_1 = \beta_2 = \cdots = \beta_m = 0$，其实质是用检验以下原假设和备选假设来代替：

$$H_0: E(\hat{\sigma}_{回}^2) = E(\hat{\sigma}_{残}^2), \ H_1: E(\hat{\sigma}_{回}^2) > E(\hat{\sigma}_{残}^2),$$

这是因为在式(5-4-11)成立时，式(5-4-16)成立。

按卡埃平方变量的数学期望等于其自由度的定理，可得

$$E\left(\frac{S_{回}}{\sigma^2}\right) = m$$

即

$$E\left(\frac{S_{回}}{m}\right) = E(\hat{\sigma}_{回}^2) = \sigma^2 \quad (5\text{-}4\text{-}18)$$

即当 H_0 成立时，$\hat{\sigma}_{回}^2 = \dfrac{S_{回}}{m}$ 也是 σ^2 的一个无偏估计，而式(5-4-17)的分母 $\hat{\sigma}_{残}^2 = \dfrac{S_{残}}{n-(m-1)}$ 不论 H_0 是否成立，总是 σ^2 的一个无偏估计，因此 F 就是一个方差比统计量，方差分析法因而得名。

在给定显著水平 α 后，按单尾（右尾）检验法，以分子自由度 m，分母自由度 $n-(m+1)$ 为引数，查 F 分布表得 F_α，若 $F > F_\alpha$，说明 H_0 不成立，即拒绝 H_0，总体回归效果显著；反之 $F < F_\alpha$，回归无效。

特殊地，对于一元线性回归，方差分析法的检验为

$$H_0: \beta_1 = 0, \quad H_1: \beta_1 \neq 0$$

$$F = \frac{S_{回}}{S_{残}/(n-2)} \quad (5\text{-}4\text{-}19)$$

此时的 $m = 1$，检验拒绝 H_0 域为 $F > F_\alpha$。

5.4.3 参数显著性检验

在多元线性回归中，我们并不满足于回归方程是显著的这一结论，因为接受 H_1 仅能说明 $\beta_1, \beta_2, \cdots, \beta_m$ 不可能全为 0，但并不能排除某个 $\beta_i = 0$，所以在拒绝原假设后，还需逐一对参数的显著性进行检验，即要检验

$$H_0: \beta_j = 0, \quad H_1: \beta_j \neq 0, \quad (5\text{-}4\text{-}20)$$

因为

$$\hat{\beta} \sim N[\beta, \sigma^2(X^T X)^{-1}]$$

设 q_j 为 $(X^T X)^{-1}$ 的第 j 个对角元素,则
$$\hat{\beta}_j \sim N(\beta_j, \sigma^2 q_j),$$

参数显著性检验可采用 5.3 节所述的 t 检验法,仿式(5-3-15),可构成服从 t 分布的统计量

$$t(f) = \frac{\hat{\beta}_j - \beta_j}{\hat{\sigma}\sqrt{q_j}} \tag{5-4-21}$$

因为

$$\hat{\sigma}^2 = \frac{V^T V}{n-(m+1)} \tag{5-4-22}$$

故自由度(多余观测数)$f = n-(m+1)$。当 H_0 成立时,上式中的 $\beta_j = 0$,故统计量 t 为

$$t(f) = \frac{\hat{\beta}_j}{\hat{\sigma}\sqrt{q_j}} \tag{5-4-23}$$

给定显著水平 α,以自由度 $n-(m+1)$ 为引数,查 t 分布表得 $t_{\frac{\alpha}{2}}$,若 $|t(f)| > t_{\frac{\alpha}{2}}$,则接受备选假设 $\beta_j \neq 0$,参数 β_j 显著;当接受原假设 $\beta_j = 0$ 时,该参数不显著,可予以剔除。

例 5.3 在例 5.1 中,求得回归方程为
$$\hat{y} = 5.3094 - 0.0756 x$$
应用方差分析法和 t 检验法检验回归效果的显著性。即检验
$$H_0 : \beta_1 = 0, \quad H_1 : \beta_1 \neq 0.$$

解 (1) 方差分析法

根据式(5-4-8)、式(5-4-9) 和式(5-4-17),计算回归平方和、残差平方和以及 F 统计量:

$$\begin{aligned}
S_{回} &= \sum_{i=1}^{n}(\hat{y}_i - \overline{y})^2 \\
&= \sum[(\hat{\beta}_0 + \hat{\beta}_1 x_i) - (\hat{\beta}_0 + \hat{\beta}_1 \overline{x})]^2 \\
&= \sum[\hat{\beta}_1(x_i - \overline{x})]^2 = \hat{\beta}_1^2 S_{xx} \\
&= 0.0756^2 \times 2\,579.9880 = 14.7456
\end{aligned}$$

$$S_{残} = V^T V = 7.44,$$

$$\hat{\sigma}^2 = \frac{V^T V}{n-2} = \frac{7.4400}{12-2} = 0.7440, \quad \hat{\sigma} = 0.8626$$

$$F = \frac{S_{\text{回}}}{S_{\text{残}}/(n-2)} = \frac{14.7456}{0.7440} = 19.82$$

以 $\alpha = 0.05$,分子自由度为 1,分母自由度为 10,查 F 分布表得 $F_{\frac{\alpha}{2}} = 10.04$。

因 $F > F_{\frac{\alpha}{2}}$,所以拒绝 H_0。

(2) t 检验

$$t = \frac{\hat{\beta}_1}{\hat{\sigma}\sqrt{q_i}} = \frac{\sqrt{S_{xx}}\hat{\beta}_1}{\hat{\sigma}} = \frac{\sqrt{2\,579.9880} \times 0.0756}{0.8626} = 4.4516$$

取 $\alpha = 0.05$,自由度为 10,查 t 分布表得 $t_{\frac{\alpha}{2}} = 2.23$。

因 $t > t_{\frac{\alpha}{2}}$,所以拒绝 H_0。

经检验,回归效果显著,说明此例大坝库水位(x)和坝基沉陷量(y)之间直线相关可信,但要指出大坝坝基沉陷量是否仅取决于大坝库水位,或者是否还有其他因数的影响,如可能有,则还需扩展至多元线性回归,以达到尽可能符合实际的自变量与因变量的统计关系。

例 5.4 对某大坝进行变形观测,选取坝体温度和水位压力作为自变量 X_1, X_2,大坝水平位移值为观测量 Y,现选取以往 22 次观测资料为样本,见表 5-2,确定回归方程。

表 5-2 观测数据

	温度 X_1	压力 X_2	Y(mm)		温度 X_1	压力 X_2	Y(mm)
1	11.2	36.0	−5.0	12	10.1	31.0	−9.3
2	10.0	40.0	−6.8	13	11.6	29.0	−9.3
3	8.5	35.0	−4.0	14	12.6	58.0	−5.1
4	8.0	48.0	−5.2	15	10.9	37.0	−7.6
5	9.4	53.0	−6.4	16	23.1	46.0	−9.6
6	8.4	23.0	−6.0	17	23.1	50.0	−7.7
7	3.1	19.0	−7.1	18	21.6	44.0	−9.3
8	10.6	34.0	−6.1	19	23.1	56.0	−9.5
9	4.7	24.0	−5.4	20	19.0	36.0	−5.4
10	11.7	65.0	−7.7	21	26.8	58.0	−16.8
11	9.4	44.0	−8.1	22	21.9	51.0	−9.9

(1) 求回归方程

根据式(5-2-22)组成法方程

$$\begin{bmatrix} 22.00 & 298.80 & 917.00 \\ 298.80 & 5\,030.30 & 13\,482.80 \\ 917.00 & 13\,482.80 & 41\,501.00 \end{bmatrix} \begin{bmatrix} \hat{\beta}_0 \\ \hat{\beta}_1 \\ \hat{\beta}_2 \end{bmatrix} - \begin{bmatrix} -167.30 \\ -2\,526.96 \\ -7\,224.10 \end{bmatrix} = \begin{bmatrix} 0 \\ 0 \\ 0 \end{bmatrix}$$

其解为

$$\begin{bmatrix} \hat{\beta}_0 \\ \hat{\beta}_1 \\ \hat{\beta}_2 \end{bmatrix} = \begin{bmatrix} 0.5757 & -0.0008 & -0.0125 \\ -0.0008 & 0.0015 & -0.0005 \\ -0.0125 & -0.0005 & 0.0005 \end{bmatrix} \begin{bmatrix} -167.30 \\ -2526.96 \\ -7224.10 \end{bmatrix} = \begin{bmatrix} -4.2789 \\ -0.2711 \\ 0.0085 \end{bmatrix}$$

故得回归方程

$$\hat{y} = -4.2789 - 0.2711 x_1 + 0.0085 x_2$$

(2) 计算方差的估值 $\hat{\sigma}^2$ 及 $\hat{\beta}_i$ 的方差

$$S_{残} = V^T V = 88.1209,$$

$$\hat{\sigma}^2 = \frac{88.1209}{22-3} = 4.6379, \quad \hat{\sigma} = 2.1536 \text{(mm)},$$

$$D(\hat{\beta}_1) = \hat{\sigma}^2 Q_{\hat{\beta}_1 \hat{\beta}_1} = 4.6379 \times 0.0015 = 0.0070$$

$$D(\hat{\beta}_2) = \hat{\sigma}^2 Q_{\hat{\beta}_2 \hat{\beta}_2} = 4.6379 \times 0.0005 = 0.0023$$

(3) 回归方程显著性检验(F 检验)

$$H_0 : \hat{\beta}_1 = \hat{\beta}_2 = 0$$

$$\bar{y} = \frac{1}{22} \sum_{i=1}^{22} y_i = -7.6045$$

$$S_{回} = \sum_{i=1}^{22} (\hat{y}_i - \bar{y})^2 = 66.9086$$

构造 F 统计量

$$F = \frac{S_{回}/m}{S_{残}/(n-m-1)} = \frac{66.9086/2}{88.1209/19} = 7.2132$$

取显著水平 $\alpha = 0.05$,查表有

$$F_{0.05}(2,19) = 3.52$$

显然,计算值 $F > F_{0.05}(2,19) = 3.52$,所以拒绝原假设,认为回归方程效果显著。

(4) 回归参数显著性检验(t 检验)

$$H_{0_1}: \hat{\beta}_1 = 0, \quad H_{0_2}: \hat{\beta}_2 = 0$$

$$|t_1| = \frac{|\hat{\beta}_1|}{\hat{\sigma}\sqrt{q_1}} = \frac{0.2711}{2.1532\sqrt{0.00154}} = 3.21$$

$$|t_2| = \frac{|\hat{\beta}_2|}{\hat{\sigma}\sqrt{q_2}} = \frac{0.0085}{2.1532\sqrt{0.00046}} = 0.18$$

取显著水平 $\alpha = 0.05$,查表得 $t_{\frac{\alpha}{2}} = t_{0.025}(19) = 2.09$

显然

$$t_1 > t_{\frac{\alpha}{2}} = t_{0.025}(19), \quad t_2 < t_{\frac{\alpha}{2}} = t_{0.025}(19)$$

拒绝 H_{0_1},接受 H_{0_2},认为回归参数 β_1 显著,β_2 不显著。说明所建立的二元线性回归效果不好,不能应用。其原因是大坝水平位移并不是简单地可用坝体温度和水位压力这两个因素的影响来描述的,应该研究自变量 X_j 的选取,不断地进行回归,寻找合理的回归方程。

5.5 预报值的标准差和区间估计

回归分析的一个主要目的是根据给定的 x 值对 y 进行预报。设经过检验认为有效的线性回归方程为

$$\hat{y} = \hat{\beta}_0 + x_1\hat{\beta}_1 + x_2\hat{\beta}_2 + \cdots + x_m\hat{\beta}_m$$

则给定已知值 $(x_{10}, x_{20}, \cdots, x_{m0})$,就可按此方程得到预报值 $\hat{y}_0$,即

$$\hat{y}_0 = \hat{\beta}_0 + x_{10}\hat{\beta}_1 + x_{20}\hat{\beta}_2 + \cdots + x_{m0}\hat{\beta}_m = X_0\hat{\beta} \tag{5-5-1}$$

式中:$X_0 = (1, x_{10}, x_{20}, \cdots, x_{m0})$,则

$$D(\hat{y}_0) = \hat{\sigma}^2[X_0(X^\mathrm{T}X)^{-1}X_0^\mathrm{T}] \tag{5-5-2}$$

如果对应于 $(x_{10}, x_{20}, \cdots, x_{m0})$ 的观测值为 y_0,其观测误差为 $\Delta_0 \sim N(0, \sigma^2)$,显然 y_0 与预报值 $\hat{y}_0$ 是互相独立的,且有

$$E(y_0 - \hat{y}_0) = 0 \tag{5-5-3}$$

$$D(y_0 - \hat{y}_0) = \sigma^2[1 + X_0(X^\mathrm{T}X)^{-1}X_0^\mathrm{T}] \tag{5-5-4}$$

则

$$\frac{(y_0 - \hat{y}_0)}{\sigma_{(y_0 - \hat{y}_0)}} \sim N(0, 1),$$

$$\frac{S_\text{残}}{\sigma^2} = \frac{(n-m-1)\hat{\sigma}^2}{\sigma^2} \sim \chi^2(n-m-1),$$

因为 $\hat{\beta}$ 与 $S_{残}$ 互相独立,$y_0 - \hat{y}_0$ 也与 $S_{残}$ 互相独立。故可构造统计量

$$t = \frac{y_0 - \hat{y}_0}{\hat{\sigma}\sqrt{1 + X_0(X^T X)^{-1} X_0^T}} \sim t(n-m-1) \tag{5-5-5}$$

式中：

$$\hat{\sigma}^2 = \frac{V^T V}{n-m-1} \tag{5-5-6}$$

给定显著水平 α,以自由度 $n-m-1$,查 t 分布表得 $t_{\frac{\alpha}{2}}(n-m-1)$,使

$$P\{|t| \leqslant t_{\frac{\alpha}{2}}(n-m-1)\} = 1-\alpha \tag{5-5-7}$$

令

$$\delta(x_0) = t_{\frac{\alpha}{2}}(n-m-1)\hat{\sigma}\sqrt{1 + X_0(X^T X)^{-1} X_0^T} \tag{5-5-8}$$

将式(5-5-5)代入式(5-5-7),有

$$P\{-\delta(x_0) < y_0 - \hat{y}_0 < \delta(x_0)\} = 1-\alpha$$

或

$$P\{\hat{y}_0 - \delta(x_0) < y_0 < \hat{y}_0 + \delta(x_0)\} = 1-\alpha$$

亦即在置信水平 $1-\alpha$ 下,预报值的区间估计为

$$[\hat{y}_0 - \delta(x_0),\ \hat{y}_0 + \delta(x_0)]$$

例 5.5 在不同温度(t)下,测定某铟钢尺的尺长改正数,得 9 个观测值如表 5-3。

(1) 求回归方程;
(2) 求方差的估值 $\hat{\sigma}^2$;
(3) 检验回归方程的显著性;
(4) 求温度在 15℃ 时的尺长改正数及预测区间。

表 5-3　　　　　　　　　　**温度与尺长改正数**

t℃	12.1	15.2	14.8	13.9	15.9	16.4	18.5	17.3	19.6
Δl_i(mm)	1.6	1.9	1.7	1.8	2.1	2.0	2.3	2.0	2.2

解 (1) 设所求回归方程为

$$\Delta \hat{l}_i = \hat{\beta}_0 + \hat{\beta}_1 t_i \quad (i = 1, 2, \cdots, 9)$$

组成法方程：

$$\begin{bmatrix} 9 & 143.5 \\ 143.5 & 2331.64 \end{bmatrix} \begin{bmatrix} \hat{\beta}_0 \\ \hat{\beta}_1 \end{bmatrix} - \begin{bmatrix} 17.6 \\ 284.52 \end{bmatrix} = 0$$

解之,得

$$\begin{bmatrix} \hat{\beta}_0 \\ \hat{\beta}_1 \end{bmatrix} = \begin{bmatrix} 5.9390 & 1-0.3655 \\ -0.3655 & 0.0229 \end{bmatrix} \begin{bmatrix} 17.6 \\ 284.52 \end{bmatrix} = \begin{bmatrix} 0.5309 \\ 0.0894 \end{bmatrix}$$

所求回归方程为

$$\Delta \hat{l} = 0.5309 + 0.0894t$$

(2) $S_{残} = V^T V = 0.0739$,

$$\hat{\sigma}^2 = \frac{V^T V}{n-2} = \frac{0.0739}{7} = 0.0106, \hat{\sigma} = 0.1028 (\text{mm})$$

(3) $H_0 : \hat{\beta}_1 = 0$

t 检验 $\quad |t| = \dfrac{|\hat{\beta}_1|}{\hat{\sigma} \sqrt{Q_{\hat{\beta}_1 \hat{\beta}_1}}} = \dfrac{0.0894}{0.1028 \sqrt{0.0229}} = 5.7468$

取显著水平 $\alpha = 0.05$,查 t 分布表得 $t_{\frac{\alpha}{2}} = t_{0.025}(7) = 2.365$
因为

$$t > t_{\frac{\alpha}{2}} = t_{0.025}(7)$$

所以拒绝 H_0,认为回归效果显著。

(4) 当 $t = 15℃$ 时,由回归方程 $\Delta \hat{l}_0 = \hat{\beta}_0 + 15\hat{\beta}_1 = X_0 \hat{\beta}$,得预报值
$\Delta \hat{l}_0 = 1.87$
$X_0 = \begin{bmatrix} 1 & 15 \end{bmatrix}$

$$X_0 (X^T X)^{-1} X_0^T = \begin{bmatrix} 1 & 15 \end{bmatrix} \begin{bmatrix} 5.9390 & -0.3655 \\ -0.3655 & 0.0229 \end{bmatrix} \begin{bmatrix} 1 \\ 15 \end{bmatrix} = 0.1264$$

$$\delta(x_0) = \hat{\sigma} \sqrt{1 + X_0 (X^T X)^{-1} X_0^T} \times t_{\frac{\alpha}{2}}(n-2)$$

$$= 0.1028 \sqrt{1.1264} \times 2.365 = 0.2580$$

所以,在 95% 的置信度下,预报值得区间估计为 $[1.61 \quad 2.12]$。

5.6 自回归模型

5.6.1 自回归模型定义

以上介绍的回归模型是根据与其他变量之间的关系来预测一个变量的未

来的变化,但是在时间序列的情况下,严格意义上的回归则是根据该变量自身过去的规律来建立预测模型,这就是自回归模型。自回归模型在动态数据处理中有着广泛的应用。有关其理论和在测量中的应用的进一步学习可参阅文献[18]。

自回归模型的一个最简单的例子是物理中的单摆现象。设单摆在第 t 个摆动周期中最大摆幅为 x_t,在阻尼作用下,在第 $t+1$ 个摆动周期中的最大摆幅 x_{t+1} 将满足关系式

$$x_{t+1} = \rho x_t \tag{5-6-1}$$

其中:ρ 为阻尼系数。如果此单摆还受到外界环境的干扰,则在单摆的最大幅值 x_t 上叠加一个新的随机变量,于是式(5-6-1)为

$$x_{t+1} = \rho x_t + \varepsilon_t \tag{5-6-2}$$

上式称为一阶自回归模型。当式中满足 $\rho < 1$ 时,为平稳的一阶自回归模型。将这些概念推广到高阶,有自回归模型

$$x_t = b_1 x_{t-1} + b_2 x_{t-2} + \cdots + b_p x_{t-p} + \varepsilon_t \tag{5-6-3}$$

式中:x_t 为模型变量,$b_1, b_2, \cdots, b_p$ 为模型的回归系数,ε_t 为模型的随机误差,p 为模型阶数。

5.6.2 自回归模型参数的最小二乘估计

设有按时间顺序排列的样本观测值 $x_1, x_2, \cdots, x_n$,p 阶自回归模型的误差方程为

$$v_{p+1} = x_p \hat{b}_1 + x_{p-1} \hat{b}_2 + \cdots + x_1 \hat{b}_p - x_{p+1}$$
$$v_{p+2} = x_{p+1} \hat{b}_1 + x_p \hat{b}_2 + \cdots + x_2 \hat{b}_p - x_{p+2}$$
$$\cdots\cdots$$
$$v_n = x_{n-1} \hat{b}_1 + x_{n-2} \hat{b}_2 + \cdots + x_{n-p} \hat{b}_p - x_n,$$

记

$$V = \begin{bmatrix} v_{p+1} \\ v_{p+2} \\ \vdots \\ v_n \end{bmatrix}, \hat{\beta} = \begin{bmatrix} \hat{b}_1 \\ \hat{b}_2 \\ \vdots \\ \hat{b}_p \end{bmatrix}, X = \begin{bmatrix} x_p & x_{p-1} & \cdots & x_1 \\ x_{p+1} & x_p & \cdots & x_2 \\ \vdots & \vdots & & \vdots \\ x_{n-1} & x_{n-2} & \cdots & x_{n-p} \end{bmatrix}, Y = \begin{bmatrix} x_{p+1} \\ x_{p+2} \\ \vdots \\ x_n \end{bmatrix}$$

得

$$\underset{n-p,1}{V} = \underset{n-p,p}{X} \underset{p,1}{\hat{\beta}} - \underset{n-p,1}{Y} \tag{5-6-4}$$

β的最小二乘解为

$$\hat{\beta} = (X^T X)^{-1} X^T Y \tag{5-6-5}$$

5.6.3 自回归模型阶数的确定

建立自回归模型,需要合理地确定其阶数 p,一般可先设定模型阶数在某个范围内,对此范围内各种阶数的模型进行参数估计,同时对参数的显著性进行检验,再利用定阶准则确定阶数,下面采用的线性假设法(Koch,1980[17])来进行模型定阶(参见文献[2]2-4 节)。其原理是:

设有观测数据$(x_1, x_2, \cdots, x_n)$,先设阶数为 p,建立自回归模型,

$$x_t = b_1 x_{t-1} + b_2 x_{t-2} + \cdots + b_p x_{t-p} + \varepsilon_t \tag{5-6-6}$$

再考虑 $p-1$ 阶模型。将

$$b_p = 0 \tag{5-6-7}$$

作为式(5-6-6)的条件方程,联合式(5-6-6)、式(5-6-7)两式,就是 $p-1$ 阶模型。

先对式(5-6-6)单独平差,可求得模型参数估计及其残差平方和,记为 $S_{残p}$,再联合式(5-6-6)、式(5-6-7)两式,也就是对 $p-1$ 阶模型进行平差,求得 $p-1$ 阶模型参数估计及其残差平方和,记为 $S_{残p-1}$。按线性假设法,它们的关系可写成

$$S_{残p-1} = S_{残p} + R \tag{5-6-8}$$

R 是考虑原假设条件后对 $S_{残p}$ 的影响项。

事实上,对于 p 阶自回归模型可用来列误差方程(5-6-4)的观测值只有$(n-p)$个,因此 $S_{残p}$ 的自由度为$(n-p)-p=n-2p$,R 的自由度为 2。

在线性假设法中已证明,在假设 $H_0:b_p=0$ 成立时,可作 F 分布统计量为

$$F = \frac{R/2}{S_{残p}/(n-2p)} = \frac{S_{残p-1} - S_{残p}}{2 S_{残p}/(n-2p)} \tag{5-6-9}$$

选显著水平 α,以分子自由度 1,分母自由度 $n-p$,查表得 F_α,如果 $F > F_\alpha$,则表示 H_0 不成立,$b_p \neq 0$,p 阶与 $p-1$ 阶两模型有显著差别,应采用 p 阶。反之,$F < F_\alpha$,则接受 H_0,表示 p 阶与 $p-1$ 阶两模型并无显著差别,应采用 $p-1$ 阶。

例 5.6 对某建筑物某个时间段定期进行了 36 次沉降观测,观测值列于表 5-4。

(1)确定模型阶数 p

当 $p=1$ 时, $x_i = b_1 x_{i-1} + \varepsilon_i$, $i = 2, 3, \cdots, 36$

求得： $S_{残1} = 47.727$

当 $p = 2$ 时， $x_i = b_1 x_{i-1} + b_2 x_{i-2} + \varepsilon_i$, $i = 3, 4, \cdots, 36$

求得： $S_{残2} = 30.937$

表 5-4　　　　　　　　　　沉降观测数据

序数	高程	序数	高程	序数	高程	序数	高程	序数	高程	序数	高程
1	26.33	7	25.93	13	26.67	19	28.09	25	26.81	31	26.81
2	26.27	8	26.43	14	27.95	20	26.78	26	28.50	32	28.50
3	26.43	9	26.52	15	26.74	21	28.66	27	27.68	33	27.68
4	25.56	10	25.46	16	27.53	22	26.75	28	26.57	34	26.57
5	26.82	11	26.12	17	25.31	23	27.24	29	28.36	35	28.36
6	26.56	12	27.28	18	26.90	24	28.02	30	27.94	36	27.94

统计检验：　　原假设: $H_0: b_2 = 0$

统计量　　$F = \dfrac{S_{残1} - S_{残2}}{2 S_{残2}/(36-4)} = \dfrac{16.790}{2 \times 30.937/32} = 8.68$

取显著水平 $\alpha = 0.05$，以自由度 2、32 查 F 分布表，得　$F_\alpha = 3.30$

因为 $F > F_\alpha$，故拒绝原假设，即认为一阶与二阶自回归模型有显著的差别。

当 $p = 3$ 时， $x_i = b_1 x_{i-1} + b_2 x_{i-2} + b_3 x_{i-3} + \varepsilon_i$, $i = 4, 5, \cdots, 36$

求得　　$S_{残3} = 19.429 \text{cm}^2$

统计检验：　　原假设 $H_0: b_3 = 0$

统计量　　$F = \dfrac{S_{残2} - S_{残3}}{2 S_{残3}/(36-6)} = \dfrac{11.508/2}{19.429/33} = 8.88$

以自由度 2、30 查 F 分布表得　$F_\alpha = 3.32$

因为 $F > F_\alpha$，故拒绝原假设，认为二阶与三阶自回归模型有显著的差别。

当 $p = 4$ 时， $x_i = b_1 x_{i-1} + b_2 x_{i-2} + b_3 x_{i-3} + b_4 x_{i-4} + \varepsilon_i$, $i = 5, 6, \cdots, 36$

求得　　$S_{残4} = 18.663 \text{cm}^2$

统计检验：　　原假设 $H_0: b_4 = 0$

统计量　　$F = \dfrac{|S_{残3} - S_{残4}|}{2 S_{残4}/(36-8)} = \dfrac{0.766/2}{18.663/28} = 0.57$

以自由度 2、28 查 F 分布表得 $F_\alpha = 3.37$

因为 $F < F_\alpha$,故接受原假设,应取模型阶数 $p = 3$。

(2) 模型参数估计

误差方程
$$v_i = \hat{b}_1 x_{i-1} + \hat{b}_2 x_{i-2} + \hat{b}_3 x_{i-3} - x_i, \quad i = 4, 5, \cdots, 36$$

参数估计为
$$\hat{\beta} = \begin{bmatrix} \hat{b}_1 \\ \hat{b}_2 \\ \hat{b}_3 \end{bmatrix} = (X^\mathrm{T} X)^{-1} X^\mathrm{T} Y = \begin{bmatrix} 0.041087 \\ 0.327809 \\ 0.635059 \end{bmatrix},$$

得自回归模型
$$x_i = 0.041087 x_{i-1} + 0.327809 x_{i-2} + 0.635059 x_{i-3}$$

$$\hat{\sigma}^2 = \frac{V^\mathrm{T} V}{n - 2p} = \frac{19.4286}{30} = 0.6476, \quad \hat{\sigma} = 0.80 (\mathrm{mm})$$

5.6.4 自回归模型的预报

设 p 阶自回归模型方程为
$$x_t = \hat{b}_1 x_{t-1} + \hat{b}_2 x_{t-2} + \cdots + \hat{b}_p x_{t-p}$$

当回归系数 $b_1, b_2, \cdots, b_p$ 已确定时,可根据方程进行预报。

第一步预报值为
$$x_t(1) = \hat{b}_1 x_t + \hat{b}_2 x_{t-1} + \cdots + \hat{b}_p x_{t-p+1}$$

第二步预报值为
$$x_t(2) = \hat{b}_1 x_t(1) + \hat{b}_2 x_t + \cdots + \hat{b}_p x_{t-p+2}$$

一般地,l 步预报值为
$$x_t(l) = \hat{b}_1 x_t(l-1) + \hat{b}_2 x_t(l-2) + \cdots + \hat{b}_p x_{t-p+1}$$

l 越大,预报准确性越差,故 l 应尽可能小。

例 5.7 同例 5.6。试预报第 37 次及 38 次的高程值。

解 $x_{37} = \hat{b}_1 x_{36} + \hat{b}_2 x_{35} + \hat{b}_3 x_{34}$
$= 0.041087 \times 27.94 + 0.327809 \times 28.36 + 0.635059 \times 26.57$
$= 27.32$

$x_{38} = \hat{b}_1 x_{37} + \hat{b}_2 x_{36} + \hat{b}_3 x_{35}$
$= 0.041087 \times 27.32 + 0.327809 \times 27.94 + 0.635059 \times 28.36$

$= 28.29$

5.7 多项式拟合模型

设在区域中有 n 个数据点$(x_i\ y_i\ z_i)$,$i = 1,2,\cdots,n$,自变量为点的平面坐标(x_i,y_i),为非随机量,因变量为在该点上的观测量 z_i,视为随机变量。自变量(x_i,y_i)和因变量z_i之间虽然没有确定的函数关系,但对于实测数据可以用其趋势性变化 $f(x,y)$ 和随机误差 ε 来表示:

$$z = f(x,y) + \varepsilon \tag{5-7-1}$$

当趋势性变化 $f(x,y)$ 取为自变量 x、y 的多项式时,式(3-8-1)称为多项式拟合模型。多项式拟合模型的一般形式为

$$\begin{aligned}z &= f(x,y) \\ &= b_0 + b_1 x + b_2 y + b_3 x^2 + b_4 xy + b_5 y^2 \\ &\quad + b_6 x^3 + b_7 x^2 y + b_8 xy^2 + b_9 y^3 + \cdots\end{aligned} \tag{5-7-2}$$

式中:$b_0,b_1,b_2,\cdots$ 为多项式待定系数,其中一阶、二阶多项式

$$z = b_0 + b_1 x + b_2 y + \varepsilon \tag{5-7-3}$$

$$z = b_0 + b_1 x + b_2 y + b_3 x^2 + b_4 xy + b_5 y^2 + \varepsilon \tag{5-7-4}$$

为在测量数据处理中常用的拟合模型。

下面以二阶拟合模型为例,介绍其拟合模型的建立。

5.7.1 模型参数的最小二乘估计

将 n 个数据点的观测数据代入式(3-8-4),可得 n 个观测方程

$$z_i = b_0 + b_1 x_i + b_2 y_i + b_3 x_i^2 + b_4 x_i y_i + b_5 y_i^2 + \varepsilon_i \tag{5-7-5}$$
$$(i = 1,2,\cdots,n)$$

误差方程

$$v_i = \hat{b}_0 + \hat{b}_1 x_i + \hat{b}_2 y_i + \hat{b}_3 x_i^2 + \hat{b}_4 x_i y_i + \hat{b}_5 y_i^2 - z_i \tag{5-7-6}$$

若记

$$V = \begin{bmatrix} v_1 \\ v_2 \\ \vdots \\ v_n \end{bmatrix}, \hat{\beta} = \begin{bmatrix} \hat{b}_0 \\ \hat{b}_1 \\ \vdots \\ \hat{b}_n \end{bmatrix}, X = \begin{bmatrix} 1 & x_1 & y_1 & x_1^2 & x_1 y_1 & y_1^2 \\ 1 & x_2 & y_2 & x_2^2 & x_2 y_2 & y_2^2 \\ \vdots & & & & & \vdots \\ 1 & x_n & y_n & x_n^2 & x_n y_n & y_n^2 \end{bmatrix}, Y = \begin{bmatrix} z_1 \\ z_2 \\ \vdots \\ z_n \end{bmatrix},$$

得

$$V = X\hat{\beta} - Y,$$

最小二乘解

$$\hat{\beta} = (X^\mathrm{T} X)^{-1} X^\mathrm{T} Y$$

在式(5-7-5) 中令

$$x_{1i} = x_i,\ x_{2i} = y_i,\ x_{3i} = x_i^2,\ x_{4i} = x_i y_i,\ x_{5i} = y_i^2,$$

式(5-7-5) 可写成

$$z_i = b_0 + b_1 x_{1i} + b_2 x_{2i} + b_3 x_{3i} + b_4 x_{4i} + b_5 x_{5i} + \varepsilon_i \tag{5-7-7}$$

此即多元线性回归模型。

上式的误差方程为

$$v_i = \hat{b}_0 + \hat{b}_1 x_{1i} + \hat{b}_2 x_{2i} + \hat{b}_3 x_{3i} + \hat{b}_4 x_{4i} + \hat{b}_5 x_{5i} - z_i \tag{5-7-8}$$

在实际计算中,由于坐标(x_i, y_i)数值较大,而观测值较小,为计算方便,先将数据中心化。

在式(5-7-7) 中,记

$$\overline{x}_k = \frac{1}{n}\sum_{i=1}^{n} x_{ki} \quad (k = 1, 2, \cdots, 5)$$

$$\overline{z} = \frac{1}{n}\sum_{i=1}^{n} z_i$$

代入式(5-7-8),得

$$\hat{b}_0 = \overline{z} - \overline{x}_1 \hat{b}_1 - \cdots - \overline{x}_5 \hat{b}_5 = \overline{z} - \overline{x}^\mathrm{T} \hat{\beta}_s \tag{5-7-9}$$

式中:

$$\overline{x} = \begin{bmatrix} \overline{x}_1 \\ \overline{x}_2 \\ \vdots \\ \overline{x}_5 \end{bmatrix},\quad \hat{\beta}_s = \begin{bmatrix} \hat{\beta}_1 \\ \hat{\beta}_2 \\ \vdots \\ \hat{\beta}_5 \end{bmatrix}$$

将式(5-7-9) 代入式(5-7-8),得

$$V = X_s \hat{\beta}_s - Z_s \tag{5-7-10}$$

式中:

$$V = \begin{bmatrix} v_1 \\ v_2 \\ \vdots \\ v_n \end{bmatrix},\quad \hat{\beta}_s = \begin{bmatrix} \hat{b}_1 \\ \hat{b}_2 \\ \vdots \\ \hat{b}_5 \end{bmatrix},$$

$$X_s = \begin{bmatrix} x_{11}-\overline{x}_1 & x_{21}-\overline{x}_2 & \cdots & x_{51}-\overline{x}_5 \\ x_{12}-\overline{x}_1 & x_{22}-\overline{x}_2 & \cdots & x_{52}-\overline{x}_5 \\ \vdots & \vdots & & \vdots \\ x_{1n}-\overline{x}_1 & x_{2n}-\overline{x}_2 & \cdots & x_{5n}-\overline{x}_5 \end{bmatrix}, Y_s = \begin{bmatrix} z_1-\overline{z} \\ z_2-\overline{z} \\ \vdots \\ z_n-\overline{z} \end{bmatrix}$$

最小二乘解

$$\hat{\beta}_s = (X_s^T X_s)^{-1} X_s^T Z_s \tag{5-7-11}$$

例 5.8 某地区拟建立 GPS 水准面,在 22 个测站点上进行了 GPS 观测和水准测量,测站点的坐标 (x,y) 以及各点上的大地高和正常高的差值 δh(高程异常)列于表 5-5 中。

表 5-5   GPS 水准拟合观测数据

测站	x(m)	y(m)	δh(m)	测站	x(m)	y(m)	δh(m)
1	897.405	222.838	5.7646	12	823.798	256.113	2.3886
2	898.414	245.022	9.8540	13	815.731	272.246	4.8825
3	884.297	247.038	8.2680	14	805.648	269.221	3.3137
4	888.330	260.146	10.9398	15	821.781	293.421	9.6056
5	841.948	309.554	13.6778	16	805.648	303.504	9.9806
6	833.881	286.363	9.5327	17	789.515	289.388	5.9838
7	855.056	278.296	10.2739	18	794.556	279.304	4.3933
8	866.147	279.304	11.1040	19	917.572	193.597	2.0133
9	865.139	253.088	6.7682	20	930.680	216.789	9.6908
10	847.997	253.086	4.5386	21	917.572	233.930	10.4781
11	839.931	258.130	4.6112	22	874.214	235.947	4.6353

根据观测数据,进行二阶多项式拟合,按式(3-8-8)、式(3-8-9)、式(3-8-10)和式(3-8-11)算得拟合方程为

$\delta h = -407.0863 + 0.3346x + 1.4959y + 0.00003x^2 - 0.00101xy - 0.00084y^2$

$\hat{\sigma}_0^2 = 0.179 (\text{m}^2)$

5.7.2 多项式拟合模型阶数的选取

建立多项式拟合模型,也有一个选取模型阶数的问题,阶数的选取需要利用统计检验方法,其原理和方法与 5.6 节所述的自回归模型确定阶数的方法类同。

先设阶数为 p,建立拟合模型,求得其残差平方和 S_p,自由度为 f_p,再作 $p-1$ 阶拟合模型,求得相应的残差平方和 S_{p-1},自由度为 f_{p-1},作 F 分布统计量

$$F = \frac{(S_{p-1} - S_p)/(f_{p-1} - f_p)}{S_p/f_p} \tag{5-7-12}$$

选显著水平 α,以分子自由度 $f_{p-1} - f_p$,分母自由度 f_p,查表 F 分布得 F_α。如果 $F < F_\alpha$,可选取 $p-1$ 阶多项式拟合模型;否则,选取 p 阶拟合模型。

5.8 整体最小二乘回归

前面我们讨论了回归模型

$$Y = X\beta + \varepsilon \tag{5-8-1}$$

为了求得回归参数 $\hat{\beta}$,根据给定的 X 值,对 Y 进行观测,组成误差方程,

$$V = X\hat{\beta} - Y \tag{5-8-2}$$

在最小二乘估计准则下,求得 $\hat{\beta}$ 的最优解。

在上述的求解中,我们认为数据矩阵 X 是给定的,不存在误差,但是如果数据矩阵 X 也存在误差或者是扰动,那么最小二乘估计从统计观点看就不再是最优的,它将是有偏的,而且偏差的协方差将由于 X 的噪声误差的作用而增加。因此,当 X 也存在误差时,应该使用其他的方法推广最小二乘回归。

整体最小二乘回归即是当 X,Y 同时存在误差时的一种求回归方程参数解的方法。

5.8.1 整体最小二乘(TLS)回归基本原理

TLS 的基本思想可以归纳为[19]:在观测方程 $\underset{n,1}{Y} = \underset{n,m}{X} \underset{m,1}{\beta}$ 中,不仅观测向量 Y 中存在误差 V_Y,同时系数矩阵 X 中也含有误差 V_X。此时,可用 TLS 方法求得参数 $\hat{\beta}$。也就是说,在 TLS 中,考虑的是矩阵方程

$$(X + V_X)\hat{\beta} = Y + V_Y \tag{5-8-3}$$

或

$$\hat{X}\hat{\beta} = \hat{Y}, \quad (\hat{X} = X + V_X, \hat{Y} = Y + V_Y) \tag{5-8-4}$$

的求解。

在测量数据处理中，n 为观测个数，m 为参数个数，通常情况下 $n > m$，矩阵 $\underset{n,m}{X}$ 的秩 $R(X) = m < n$。显然，式(5-8-3) 也可以改写为

$$([X \quad Y] + [V_X \quad V_Y]) \begin{bmatrix} \hat{\beta} \\ -1 \end{bmatrix} = 0 \tag{5-8-5}$$

或等价为

$$(B + D)z = 0 \tag{5-8-6}$$

式中：

$\underset{n,m+1}{B} = [\underset{n,m}{X} \quad \underset{n,1}{Y}]$ 为增广矩阵，$D = [V_X \quad V_Y]$ 为误差矩阵，$\underset{m+1,1}{Z} = \begin{bmatrix} \hat{\beta}_{m,1} \\ -1 \end{bmatrix}$，

求解上式的总体最小二乘方法可以表示为约束最优化问题：

$$\|D\|_F = \min \tag{5-8-7}$$

$\|D\|_F$ 是 D 的 F(Frobenius) 范数。

求得 $\|D\|_F = \min$ 的问题称为 TLS 问题，若能找到式(5-8-3) 的一个最小点 $[V_{X0}, V_{Y0}]$，则任何满足 $(X + V_{X0})\hat{\beta} = Y + V_{Y0}$ 的 $\hat{\beta}$ 都称为 TLS 解。

5.8.2 参数的整体最小二乘解

求解 TLS 问题的主要工具是奇异值分解[20]，采用下列记号：

设增广矩阵 $\underset{n,m+1}{B} = [\underset{n,m}{X} \quad \underset{n,1}{Y}]$ 的奇异值分解为 $\underset{n,m+1}{B} = \underset{n,n}{U} \underset{n,m+1}{\Sigma} \underset{m+1,m+1}{R^T}$，其中

$$\Sigma = \text{diag}(\sqrt{\lambda_1} \quad \sqrt{\lambda_2} \quad \cdots \quad \sqrt{\lambda_p} \quad \sqrt{\lambda_{p+1}} \quad \cdots \quad \sqrt{\lambda_{m+1}}) \tag{5-8-8}$$

λ_i 为矩阵 $B^T B$ 的特征值。如果 $R(B) = p$，则不为零的最小特征值为 λ_p，有

$$\lambda_1 \geqslant \lambda_2 \geqslant \cdots \geqslant \lambda_p > \lambda_{p+1} = \cdots = \lambda_{m+1} = 0$$

令 $\Sigma_i = \sqrt{\lambda_i}$ $(i = 1, 2, \cdots, m+1)$，Σ_i 均为 B 的奇异值，则

$$\Sigma = \text{diag}(\Sigma_1 \quad \Sigma_2 \quad \cdots \quad \Sigma_{m+1}), \Sigma_1 \geqslant \Sigma_2 \geqslant \cdots \geqslant \Sigma_{m+1} \geqslant 0 \tag{5-8-9}$$

相应的左奇异向量为

$$U = [U_1 \quad U_2 \quad \cdots \quad U_n] \tag{5-8-10}$$

右奇异向量为

$$R^T = [R_1 \quad R_2 \quad \cdots \quad R_{m+1}] \tag{5-8-11}$$

式(5-8-6) 表明，TLS 问题可以归结为求一个具有最小范数解平方的误

差矩阵 D,使得 $B+D$ 是非满秩的(如果满秩,则只有 $Z=0$)。

如果假设 Z 是一个单位范数的向量,即 $Z^TZ=1$,并且将式(5-8-5)改写为 $BZ=V=-DZ$,则 TLS 问题可以等价为一个带约束的标准最小二乘问题

$$\min \|BZ\|_2^2 = \min \|V\|_2^2 \tag{5-8-12}$$

或

$$V^T V = \min$$

约束条件为

$$Z^T Z = 1 \tag{5-8-13}$$

因为 V 可以视为矩阵方程 $BZ=0$ 的 TLS 解 Z 的误差向量。换言之,TLS 解 Z 是使得误差平方和 $\|V\|_2^2$ 为最小的最小二乘解。

上述带约束的 TLS 问题容易用 Lagrange 乘数法求解。定义目标函数为

$$\Phi = V^T V + k(1 - Z^T Z) \tag{5-8-14}$$

式中:k 为 Langrange 乘数。将 Φ 对 Z 求一阶导,并令其为零,得

$$\frac{\partial \Phi}{\partial Z} = 2V^T B - 2kZ^T = 0 \tag{5-8-15}$$

两边转置,并顾及 $V=BZ$,得

$$B^T B Z = kZ \tag{5-8-16}$$

这表明,Lagrange 乘数应该选择为矩阵 $B^T B$ 的最小的特征值 λ_{m+1},而 TLS 解 Z 是与最小奇异值 $\sqrt{\lambda_{m+1}} = \Sigma_{m+1}$ 对应的右奇异向量 R_{m+1}。当奇异值大小按式(5-8-9)排列时,根据式(5-8-11),对应于最小奇异值 Σ_{m+1} 的右奇异向量 R_{m+1} 是 Z 的 TLS 解。

$$Z = R_{m+1} = \begin{bmatrix} r_{1,m+1} \\ r_{2,m+1} \\ \vdots \\ r_{m,m+1} \\ r_{m+1,m+1} \end{bmatrix} \tag{5-8-17}$$

一般来说,在求解方程 $\underset{n,1}{Y} = \underset{n,m}{X} \underset{m,1}{\beta}$ 时,$n \geqslant m+1$,这样 $B^T B$ 的阶数大于或等于 BB^T 阶数,由矩阵 $B^T B$ 求出的最小特征值所对应的特征向量即为对应于最小奇异值 Σ_{m+1} 的右奇异向量 R_{m+1}。将

$$B^T B = \begin{bmatrix} X^T \\ Y^T \end{bmatrix} \begin{bmatrix} X & Y \end{bmatrix} = \begin{bmatrix} X^T X & X^T Y \\ Y^T X & Y^T Y \end{bmatrix}, \ k = \lambda_{m+1}, \ Z = \begin{bmatrix} \hat{\beta} \\ -1 \end{bmatrix}$$

代入式(5-8-16),得

$$\begin{bmatrix} X^{\mathrm{T}}X & X^{\mathrm{T}}Y \\ Y^{\mathrm{T}}X & Y^{\mathrm{T}}Y \end{bmatrix} \begin{bmatrix} \hat{\beta} \\ -1 \end{bmatrix} = \lambda_{m+1} \begin{bmatrix} \hat{\beta} \\ -1 \end{bmatrix} \qquad (5\text{-}8\text{-}18)$$

令 $\begin{bmatrix} X^{\mathrm{T}}X & X^{\mathrm{T}}Y \\ Y^{\mathrm{T}}X & Y^{\mathrm{T}}Y \end{bmatrix} = \begin{bmatrix} N_{XX} & N_{XY} \\ N_{YX} & N_{YY} \end{bmatrix}$，上式可化为

$$N_{XX}\hat{\beta} - N_{XY} = \lambda_{m+1}\hat{\beta} \qquad (5\text{-}8\text{-}19)$$

$$N_{YX}\hat{\beta} - N_{YY} = -\lambda_{m+1} \qquad (5\text{-}8\text{-}20)$$

由式(5-8-19)，得

$$\hat{\beta}_{m,1} = [N_{XX} - \lambda_{m+1} I]^{-1}_{m,m} N_{XY} \qquad (5\text{-}8\text{-}21)$$

综上所述，求解矩阵方程 $Y_{n,1} = X_{n,m} \beta_{m,1}$ 中参数 β 的 TLS 解 β_{TLS} 的步骤为：

(1) 列观测方程 $Y_{n,1} = X_{n,m} \beta_{m,1}$；

(2) 构成增广矩阵 $B_{n,m+1} = [X_{n,m} \ Y_{n,1}]$；

(3) 求矩阵 $B^{\mathrm{T}}B$ 的特征值，并求出最小特征值 λ_{m+1}；

(4) 由式(5-8-21)计算参数 β 的 TLS 解。

例 5.9 求增广矩阵的奇异值分解：

$$B = \begin{bmatrix} -2 & -1 \\ -1 & 3 \\ 3 & -2 \end{bmatrix}$$

解 (1) 求 $B^{\mathrm{T}}B$ 和 BB^{T} 中阶数较小的矩阵的特征值

$$B^{\mathrm{T}}B = \begin{bmatrix} -2 & -1 & 3 \\ -1 & 3 & -2 \end{bmatrix} \begin{bmatrix} -2 & -1 \\ -1 & 3 \\ 3 & -2 \end{bmatrix} = \begin{bmatrix} 14 & -7 \\ -7 & 14 \end{bmatrix}$$

则 $B^{\mathrm{T}}B$ 的特征多项式为

$$|\lambda I - B^{\mathrm{T}}B| = \begin{vmatrix} \lambda - 14 & 7 \\ 7 & \lambda - 14 \end{vmatrix} = (\lambda - 7)(\lambda - 21)$$

$B^{\mathrm{T}}B$ 的特征值为 $\lambda_1 = 21, \lambda_2 = 7$，相应的特征向量分别为

$$\beta_1 = \frac{1}{\sqrt{2}} \begin{bmatrix} 1 \\ -1 \end{bmatrix}, \quad \beta_2 = \frac{1}{\sqrt{2}} \begin{bmatrix} 1 \\ 1 \end{bmatrix}$$

显然，BB^{T} 的三个特征值分别为 $\lambda_1 = 21, \lambda_2 = 7, \lambda_3 = 0$，且相应的特征向量分别为

$$\alpha_1 = \frac{1}{\sqrt{\lambda_1}} B\beta_1 = \frac{1}{\sqrt{42}} \begin{bmatrix} -1 \\ -4 \\ 5 \end{bmatrix}, \alpha_2 = \frac{1}{\sqrt{\lambda_2}} B\beta_2 = \frac{1}{\sqrt{14}} \begin{bmatrix} -3 \\ 2 \\ 1 \end{bmatrix}, \alpha_3 = \frac{1}{\sqrt{3}} \begin{bmatrix} 1 \\ 1 \\ 1 \end{bmatrix}$$

$$U = (\alpha_1 \quad \alpha_2 \quad \alpha_3), V = (\beta_1 \quad \beta_2), \Sigma = \begin{bmatrix} \sqrt{21} & 0 \\ 0 & \sqrt{7} \\ 0 & 0 \end{bmatrix}$$

因此

$$B = U\Sigma V^{\mathrm{T}} = \begin{bmatrix} -\dfrac{1}{\sqrt{42}} & -\dfrac{3}{\sqrt{14}} & \dfrac{1}{\sqrt{13}} \\ -\dfrac{4}{\sqrt{42}} & \dfrac{2}{\sqrt{14}} & \dfrac{1}{\sqrt{13}} \\ \dfrac{5}{\sqrt{42}} & \dfrac{1}{\sqrt{14}} & \dfrac{1}{\sqrt{13}} \end{bmatrix} \begin{bmatrix} \sqrt{21} & 0 \\ 0 & \sqrt{7} \\ 0 & 0 \end{bmatrix} \begin{bmatrix} \dfrac{1}{\sqrt{2}} & -\dfrac{1}{\sqrt{2}} \\ \dfrac{1}{\sqrt{2}} & \dfrac{1}{\sqrt{2}} \end{bmatrix}$$

5.8.3 整体最小二乘回归

1. 一元线性回归

为便于计算一元回归方程

$$y_i = \hat{\beta}_0 + \hat{\beta}_1 x_i \quad (i = 1, 2, \cdots, n) \tag{5-8-22}$$

将数据中心化,求参数的中心化解。

将式(5-8-22)n 个方程相加,有

$$\bar{y} = \hat{\beta}_0 + \hat{\beta}_1 \bar{x} \tag{5-8-23}$$

式中:

$$\bar{y} = \frac{1}{n} \sum_{i=1}^{n} y_i, \quad \bar{x} = \frac{1}{n} \sum_{i=1}^{n} x_i$$

式(5-8-22)减去式(5-8-23),得

$$y_i - \bar{y} = \hat{\beta}_1 (x_i - \bar{x}) \quad (i = 1, 2, \cdots, n)$$

用矩阵表示,即

$$Y = X\hat{\beta} \tag{5-8-24}$$

式中:

$$Y = \begin{bmatrix} y_1 - \overline{y} \\ y_2 - \overline{y} \\ \vdots \\ y_n - \overline{y} \end{bmatrix}, \quad X = \begin{bmatrix} x_1 - \overline{x} \\ x_2 - \overline{x} \\ \vdots \\ x_n - \overline{x} \end{bmatrix}, \quad \hat{\beta} = [\hat{\beta}_1]$$

求回归方程 $\hat{Y} = \hat{X}\hat{\beta}(\hat{X} = X + V_X, \hat{Y} = Y + V_Y)$ 的 TLS 解,有增广矩阵

$$B = \begin{bmatrix} X & Y \end{bmatrix} = \begin{bmatrix} x_1 - \overline{x} & y_1 - \overline{y} \\ x_2 - \overline{x} & y_2 - \overline{y} \\ \vdots & \vdots \\ x_n - \overline{x} & y_n - \overline{y} \end{bmatrix}$$

B 的奇异值分解为

$$B = U\Sigma R^{\mathrm{T}}$$

式中:

$$\Sigma = \begin{bmatrix} \Sigma_1 & 0 \\ 0 & \Sigma_2 \end{bmatrix} = \begin{bmatrix} \sqrt{\lambda_1} & 0 \\ 0 & \sqrt{\lambda_2} \end{bmatrix}, \lambda_1 \geqslant \lambda_2$$

由式(5-8-21)、式(5-8-23)可得参数的 TLS 解:

$$\hat{\beta}_1 = [(X^{\mathrm{T}}X) - \lambda_2]^{-1}X^{\mathrm{T}}Y = \frac{X^{\mathrm{T}}Y}{X^{\mathrm{T}}X - \lambda_2} \tag{5-8-25}$$

$$\hat{\beta}_0 = \overline{y} - \hat{\beta}_1\overline{x} \tag{5-8-26}$$

例 5.10 给出三个点 $(1,2),(2,6),(6,1)$,求这三个点所确定的 TLS 回归方程。

解 设回归方程为 $y = \beta_0 + \beta_1 x$

计算 $(\overline{x},\overline{y})$:得 $\overline{x} = \frac{1}{3}\sum_{i=1}^{3}x_i = 3$, $\overline{y} = \frac{1}{3}\sum_{i=1}^{3}y_i = 3$,故

$$B = \begin{bmatrix} x_1 - \overline{x} & y_1 - \overline{y} \\ x_2 - \overline{x} & y_2 - \overline{y} \\ \vdots & \vdots \\ x_n - \overline{x} & y_n - \overline{y} \end{bmatrix} = \begin{bmatrix} -2 & -1 \\ -1 & 3 \\ 3 & -2 \end{bmatrix}$$

$$B^{\mathrm{T}}B = \begin{bmatrix} X^{\mathrm{T}}X & X^{\mathrm{T}}Y \\ Y^{\mathrm{T}}X & Y^{\mathrm{T}}Y \end{bmatrix} = \begin{bmatrix} 14 & -7 \\ -7 & 14 \end{bmatrix}$$

由例 5.9 知,$B^{\mathrm{T}}B$ 的特征值为 $\lambda_1 = 21, \lambda_2 = 7$。

由式(5-8-25)、式(5-8-26),得

$$\hat{\beta}_1 = \frac{X^{\mathrm{T}}Y}{X^{\mathrm{T}}X - \lambda_2} = \frac{-7}{14 - 7} = -1, \quad \hat{\beta}_0 = \overline{y} - \hat{\beta}_1\overline{x} = 3 + 3 = 6$$

所以可得 TLS 拟合直线为
$$y = -x + 6$$

2. 整体最小二乘回归与最小二乘回归

令 l 为用 TLS 方法所确定的拟合直线，TLS 方法同时考虑 x,y 方向的误差，在 $\|D\|_F = \|(V_X \quad V_Y)\| = \min$ 的条件下，观测点到拟合直线的垂直距离平方和为最小(如图 5-2(a) 所示)。

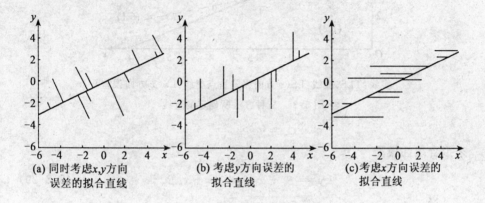

图 5-2　考虑不同方向误差的拟合直线

与最小二乘相比，当只考虑 Y 方向的误差(如图 5-2(b))时，平差准则为

$$V_Y^T V_Y = \sum_{i=1}^{n} (\beta_0 + \beta_1 x_i - y_i)^2 = \min \qquad (5\text{-}8\text{-}27)$$

根据间接平差方法，可求得的直线为 $y = -0.5x + 4.5$

当只考虑 x 方向的误差时(如图 5-2(c))，平差准则为

$$V_X^T V_X = \sum_{i=1}^{n} (\beta_0' + \beta_1' y_i - x_i)^2 = \min \qquad (5\text{-}8\text{-}28)$$

求得的直线为

$$y = -2x + 9$$

图 5-3 即为三种方法所确定的直线。

3. 多元线性回归

与一元回归原理基本相同，可将整体最小二乘一元回归推广到多元回归。
有 n 个观测点

$$z_i = [x_{i1} \quad x_{i2} \quad \cdots \quad x_{im} \quad y_i]^T \quad (i = 1, 2, \cdots, n)$$

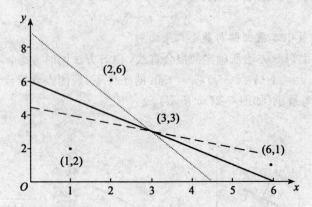

实线:TLS;虚线:LS(y方向误差);点虚线:LS(x方向误差)

图 5-3 三种方法所确定的直线

来拟合线性模型

$$y_i = \hat{\beta}_0 + x_{i1}\hat{\beta}_1 + \cdots + x_{im}\hat{\beta}_m \qquad (5\text{-}8\text{-}29)$$

设

$$\bar{y} = \frac{1}{n}\sum_{i=1}^{n} y_i, \quad \bar{x}_j = \frac{1}{n}\sum_{i=1}^{n} x_{ij} \quad (j=1,2,\cdots,m)$$

有

$$\bar{y} = \hat{\beta}_0 + \hat{\beta}_1 \bar{x}_1 + \cdots + \hat{\beta}_m \bar{x}_m \qquad (5\text{-}8\text{-}30)$$

式(5-8-29)减去式(5-8-30),得

$$y_i - \bar{y} = \hat{\beta}_1(x_{i1} - \bar{x}_1) + \cdots + \hat{\beta}_m(x_{im} - \bar{x}_m) \quad (i=1,2,\cdots,n)$$

用矩阵表示

$$Y = X\hat{\beta} \qquad (5\text{-}8\text{-}31)$$

式中:

$$Y = \begin{bmatrix} y_1 - \bar{y} \\ y_2 - \bar{y} \\ \vdots \\ y_n - \bar{y} \end{bmatrix}, \quad X = \begin{bmatrix} x_{11} - \bar{x}_1 & \cdots & x_{1m} - \bar{x}_m \\ x_{21} - \bar{x}_2 & \cdots & x_{2m} - \bar{x}_m \\ \vdots & & \vdots \\ x_{n1} - \bar{x}_m & \cdots & x_{nn} - \bar{x}_m \end{bmatrix}, \quad \hat{\beta} = \begin{bmatrix} \hat{\beta}_1 \\ \hat{\beta}_2 \\ \vdots \\ \hat{\beta}_m \end{bmatrix}$$

求回归方程 $\hat{Y} = \hat{X}\hat{\beta}$, $(\hat{X} = X + V_X, \hat{Y} = Y + V_Y)$ 的 TLS 解,有增广矩阵

$$B = [X \quad Y] = \begin{bmatrix} x_{11} - \overline{x}_1 & x_{12} - \overline{x}_2 & \cdots & x_{1m} - \overline{x}_m & y_1 - \overline{y} \\ x_{21} - \overline{x}_1 & x_{22} - \overline{x}_2 & \cdots & x_{2m} - \overline{x}_m & y_2 - \overline{y} \\ \vdots & & & & \vdots \\ x_{n1} - \overline{x}_1 & x_{n2} - \overline{x}_2 & \cdots & x_{nm} - \overline{x}_m & y_n - \overline{y} \end{bmatrix}$$

B 的奇异值分解为

$$B = U\Sigma R^T$$

式中:

$$\Sigma = \mathrm{diag}(\sqrt{\lambda_1} \quad \sqrt{\lambda_2} \quad \cdots \quad \sqrt{\lambda_{m+1}}), \lambda_1 \geqslant \lambda_2 \geqslant \cdots \geqslant \lambda_{m+1} \geqslant 0$$

由式(5-8-21)、式(5-8-30)可得参数 $\hat{\beta} = [\hat{\beta}_1 \quad \cdots \quad \hat{\beta}_m]^T$ 及 $\hat{\beta}_0$ 的 TLS 解。

5.9 半参数回归

5.9.1 概述

我们在测量平差中最常用的模型是高斯-马尔可夫模型。
函数模型为

$$\underset{n,1}{L} = \underset{n,t}{B} \underset{t,1}{X} + \underset{n,1}{\Delta}, \quad R(B) = t \tag{5-9-1}$$

随机模型为

$$E(\underset{n,1}{\Delta}) = 0 \tag{5-9-2}$$

$$\underset{n,n}{D_\Delta} = \sigma_0^2 \underset{n,n}{Q_\Delta} = \sigma_0^2 \underset{n,n}{P_\Delta^{-1}} \tag{5-9-3}$$

在这个模型中,观测值表达为若干参数的线性函数,观测值中的误差数学期望为零,即含有偶然误差,它在最小二乘原理下得到的参数解是最优线性无偏估计量。上述数学模型假设观测值中不含有系统误差,或者说数学模型中不存在模型误差。但是,在实际问题中,由于影响观测值的因素很多,其函数关系复杂而且对其认识较少,如果不考虑模型误差的影响,近似地按上述参数模型进行估计,就会对参数估值产生较大的影响,甚至会导致错误的结论。为了克服以上参数模型的局限,20 世纪 80 年代发展起来的一种重要的统计模型:半参数回归模型(Semiparametric regression model),它为我们研究上述问题提供了一种新的方法。半参数回归函数模型可以表达为如下形式

$$\underset{n,1}{L} = \underset{n,t}{B} \underset{t,1}{X} + \underset{n,1}{S} + \underset{n,1}{\Delta} \tag{5-9-4}$$

$$E(\Delta) = 0$$
$$D_{n,n} = \sigma_0^2 Q_{n,n} = \sigma_0^2 P_{n,n}^{-1}$$

式中:$S = [s(t_1), s(t_2), \cdots, s(t_n)]^T$ 是一个描述模型误差的 n 维未知向量,它是某个量 t 的函数,一般将 t 理解为时间。

考虑一般的情形,可认为模型误差或观测值的系统误差的性态非常复杂,无法用少数参数表示,因此给每个观测方程增加一个待定量,也就是所谓的非参数分量。这样在观测方程中既有参数分量又有非参数分量,就把式(5-9-4)称为半参数模型。由于半参数模型引入了非参数分量,半参数模型可以克服传统平差函数模型的局限性,一方面能使数学模型与客观实际更为接近,另一方面能在数值上分别求出模型误差(非参数分量)和偶然误差的估值,能够更加充分利用观测值所提供的信息。

半参数回归是 20 世纪 80 年代发展起来的重要的统计模型,它介于参数回归和非参数回归之间。可以设想,在不少实际问题中,它可能是一个更接近真实、更能充分利用数据中所提供的信息的方法。研究半参数模型的主要是一些统计学者,具有代表性的是 Engle 等(1986)、Green(1987)的偏样条估计;Speckman(1988) 提出了半参数模型核估计法;Eubank 等(1990) 提出三角级数估计法;David 专著《Semiparametric Regression》2003 年正式由剑桥大学出版发行。

半参数模型的应用范围较为广泛,在统计领域,如经济学、医学、心理学、生物学、工业、农业等。但在测绘应用领域,将半参数估计用于测量平差消除模型误差影响的研究还是 21 世纪初之事,现在已经成为热门课题,正在研究发展之中。

5.9.2 半参数估计的补偿最小二乘原理[21]

与观测方程(5-9-4)对应的误差方程为

$$V = B\hat{x} + \hat{S} - l \tag{5-9-5}$$

式中:$\hat{S} = (\hat{s}_1, \cdots, \hat{s}_n)^T$,即模型误差 S 的估计向量,其中 $l = L - BX^0$,X^0 是 X 的近似值,$\hat{x}$ 是 X^0 的改正向量。

由于误差方程(5-9-5)中的待定参数个数为 $n+t$,大于误差方程个数 n,不可能得到唯一解。解这种方程有很多种方法,结合测量实际,最适宜的方法是应用最小补偿二乘原理,即在误差方程的基础上附加最优化准则:

$$V^T PV + \alpha \hat{S}^T R\hat{S} = \min \tag{5-9-6}$$

第 5 章 回归模型的平差

式中：R 是一个适当给定的正定矩阵，称为正则化矩阵。二次型 $\hat{S}^T R \hat{S}$ 刻画了模型误差 $\hat{S}$ 的某种度量，α 是一个给定的纯量因子，在极小化过程中起到对 V 和 $\hat{S}$ 的平衡作用，称为平滑因子。将半参数估计应用于解决消除模型误差的关键是如何确定 V 和 $\hat{S}$，这是要解决的难点。式(5-9-6)称为补偿最小二乘准则。利用补偿最小二乘准则解误差方程，把半参数估计的问题归结为一个条件极值问题。

按照条件极值的拉格朗日乘数法，构造函数

$$\Phi = V^T P V + \alpha \hat{S}^T R \hat{S} + 2 K_r^T (B\hat{x} + \hat{S} - l - V) \tag{5-9-7}$$

式中：$K_{r_{n,1}}$ 是拉格朗日常数。

分别令 $\dfrac{\partial \Phi}{\partial V} = 0$、$\dfrac{\partial \Phi}{\partial \hat{S}} = 0$ 及 $\dfrac{\partial \Phi}{\partial \hat{x}} = 0$，可得

$$K_r = PV \tag{5-9-8}$$

$$K_r = -\alpha R \hat{S} \tag{5-9-9}$$

$$B^T K_r = 0 \tag{5-9-10}$$

将式(5-9-8)代入式(5-9-10)，顾及式(5-9-5)，得

$$B^T P B \hat{x} + B^T P \hat{S} - B^T P l = 0$$

将式(5-9-8)代入式(5-9-9)，顾及到式(5-9-5)，得

$$P B \hat{x} + (P + \alpha R) \hat{S} = P l$$

从而得到法方程为

$$\begin{bmatrix} B^T P B & B^T P \\ P B & P + \alpha R \end{bmatrix} \begin{bmatrix} \hat{x} \\ \hat{S} \end{bmatrix} = \begin{bmatrix} B^T P l \\ P l \end{bmatrix} \tag{5-9-11}$$

由法方程中的第二式可得

$$\hat{S} = (P + \alpha R)^{-1} (P l - P B \hat{x}) \tag{5-9-12}$$

代入法方程中的第一式得

$$\hat{x} = (B^T P (I - M) B)^{-1} (B^T P (I - M) l) \tag{5-9-13}$$

式中：

$$M = (P + \alpha R)^{-1} P \tag{5-9-14}$$

再令

$$H = (B^T P (I - M) B)^{-1} B^T P (I - M) \tag{5-9-15}$$

则有

$$\hat{x} = Hl \tag{5-9-16}$$

将式(5-9-16)代入式(5-9-12)，顾及式(5-9-14)，可得

$$\hat{S} = M(I - BH)l \tag{5-9-17}$$

以上导出的式(5-9-16)和式(5-9-17)就是在补偿最小二乘准则下的半参数估计公式。

残差 V 由式(5-9-5)计算，观测量的平差值为

$$\hat{l} = l + V = B\hat{x} + \hat{S} \tag{5-9-18}$$

将式(5-9-16)和式(5-9-17)代入，最后得

$$\hat{l} = (BH + M(I - BH))l \tag{5-9-19}$$

5.9.3 半参数的数学期望和方差

取式(5-9-16)的数学期望，并有半参数模型

$$l = Bx + S + \Delta \tag{5-9-20}$$

则有

$$E(\hat{x}) = HE(l) = HE(Bx) + HE(S) + HE(\Delta)$$

因为 $HB = I$，$E(x) = x$，$E(S) = S$ 和 $E(\Delta) = 0$，故上式为

$$E(\hat{x}) = HS + x \tag{5-9-21}$$

显然，$\hat{x}$ 是 x 的有偏估计，偏量是 HS。只有当 $S = 0$，即不存在模型误差 S 时，$\hat{x}$ 才是 x 的无偏估计。

同样地，取式(5-9-17)的数学期望，得

$$E(\hat{S}) = M(I - BH)E(Bx + S + \Delta)$$
$$= M(I - BH)Bx + M(I - BH)S$$

顾及 $HB = I$，上式右边第一项为零，于是有

$$E(\hat{S}) = S + (M - MBH - I)S \tag{5-9-22}$$

可见，$\hat{S}$ 是 S 的有偏估计，偏量是 $(M - MBH - I)S$。也就是说，即使用半参数估计，也不可能得到模型误差 S 的无偏估计，这是半参数估计的一个性质。

对误差方程取数学期望，得

$$E(V) = E(B\hat{x}) + E(\hat{S}) - E(l)$$
$$= E(B\hat{x}) + E(\hat{S}) - E(Bx + S + \Delta)$$
$$= (M - I)(I - BH)S \tag{5-9-23}$$

对 $\hat{l} = l + V$ 取期望，得

$$E(\hat{l}) = E(l) + E(V) = E(Bx + S + \Delta) + E(V)$$
$$= \tilde{l} + (M-I)(I-BH)S \qquad (5\text{-}9\text{-}24)$$

由以上导出的估计量 $\hat{x}, \hat{S}, V$ 和 $\hat{l}$ 的数学期望公式可知：半参数估计是一种有偏估计。

由式(5-9-16)和式(5-9-17)可得到 $\hat{x}$ 和 $\hat{S}$ 的方差为

$$D(\hat{x}) = HD(l)H^T = \sigma_0^2 HQH^T \qquad (5\text{-}9\text{-}25)$$
$$D(S) = \sigma_0^2 M(I-BH)Q(I-BH)^T M^T \qquad (5\text{-}9\text{-}26)$$

5.9.4　半参数估计的自然样条函数法

与观测方程(5-9-4)对应的误差方程为

$$V = B\hat{x} + \hat{S} - l \qquad (5\text{-}9\text{-}27)$$

设 $s(t)$ 为区间 $[t_1, t_n]$ 上的自然样条插值函数，$t_i (i=1,2,\cdots,n)$ 为节点，且 $t_1 < \cdots < t_n$。$s(t)$ 满足插值条件：

$$s(t_i) = s_i \quad i=1,2,\cdots,n \qquad (5\text{-}9\text{-}28)$$

可以找到唯一的满足上述条件的自然样条插值函数，因此可把观测方程改写为

$$l_i = B(t_i)x + s(t_i) + \Delta_i \quad i=1,2,\cdots,n \qquad (5\text{-}9\text{-}29)$$

补偿最小二乘原理是在最小二乘法的目标函数上增加一个包含非参数部分的补偿项，即

$$\sum_{i=1}^{n}(l_i - Bx - s(t_i))^2 + \alpha \int_{t_1}^{t_n}(s''(t))^2 dt = \min \qquad (5\text{-}9\text{-}30)$$

式(5-9-30)的前一项是残差平方和，后一项即补偿项。

我们知道，一个函数，当其一阶导数较小时，其二阶导数与其曲率值是很接近的，而曲率小，在几何上理解为"平滑"，而且自然样条函数插值是最光滑的曲线插值，所以可由 $\int_{t_1}^{t_n}(s''(t))^2 dt$ 来刻画 $s(t)$ 的光滑程度。$\alpha > 0$ 称为平滑参数，在拟合程度和光滑程度之间的起平衡作用，如果拟合程度要求较高，则其光滑程度较差，反之亦然，因此要对 α 有合理的选择。

补偿最小二乘原理的补偿项可以表达为(Fessler,1991)[22]：

$$\alpha \int_{t_1}^{t_n}(s''(t))^2 dt = \alpha S^T FG^{-1}F^T S \qquad (5\text{-}9\text{-}31)$$

式中：$F = (f_{ij})$ 和 $G = (g_{ij})$ 分别是 $n \times (n-2)$ 和 $(n-2) \times (n-2)$ 矩阵，它们由观测时刻 t_i 之间的间隔决定。设 $h_i = t_{i+1} - t_i (i = 1, 2, \cdots, n-1)$，那么

$$f_{ij} = \begin{cases} h_j^{-1} & i = j \\ -(h_j^{-1} + h_{j+1}^{-1}) & i = j+1 \\ h_{j+1}^{-1} & i = j+2 \\ 0 & \text{其他} \end{cases} \quad (5\text{-}9\text{-}32)$$

式中：$j = 1, 2, \cdots, n-2$，$i = 1, 2, \cdots, n$。

$$g_{ij} = \begin{cases} 1/3(h_{i-1} + h_i) & i = j, j = 2, 3, \cdots, n-1 \\ 1/6 h_{i+1} & i = j-1, j = 2, 3 \cdots, n-2 \\ 1/6 h_i & i = j+1, j = 1, 2, \cdots, n-3 \\ 0 & \text{其他} \end{cases} \quad (5\text{-}9\text{-}33)$$

矩阵 G 为严格的对角占优矩阵，即正定矩阵。设 $K = FG^{-1}F^T$，K 是 $n \times n$ 的半正定矩阵，则式(5-9-30)可以写成

$$V^T PV + \alpha \hat{S}^T K \hat{S} = \min \quad (5\text{-}9\text{-}34)$$

将式(5-9-34)与式(5-9-6)对照可知，只要注意 R 与 K 的差别，按第二段推导的半参数估计公式，就可完成自然样条函数的半参数估计，这就是半参数估计中常用的自然样条函数法原理。

第6章 平差模型的稳健估计

6.1 概　　述

　　测量数据处理是对一组含有误差的观测值,依一定的数学模型,包括函数模型和随机模型,按某种估计准则,求出未知参数的最优估值,并评定其精度。当观测值中仅包含偶然误差时,按最小二乘准则估计平差模型的参数,将具有最优的统计性质,亦即所估参数为最优线性无偏估计。

　　统计学家根据大量观测数据分析指出,在生产实践和科学实验所采集的数据中,粗差出现的概率为 $1\%\sim10\%$。粗差被定义为比最大偶然误差还要大的误差,如果平差模型中包含了这种粗差,即使为数不多,仍将严重歪曲参数的最小二乘估计,影响成果的质量,造成极为不良的后果。随着全球定位系统(GPS)、地理信息系统(GIS)、遥感(RS)等先进测量技术的发展,测量数据采集的现代化和自动化,从某种意义上说,粗差也不可避免地被包含在平差模型之中。因此,如何处理同时存在偶然误差和粗差的观测数据,以达到减弱或消除其对成果的影响,是近20年来现代测量平差所注意研究的理论课题。

　　现代测量平差理论中,考虑粗差产生的原因和影响,在数据处理时可将粗差归为函数模型,或归为随机模型。将粗差归为函数模型,粗差即表现为观测量误差绝对值较大且偏离群体;将粗差归为随机模型,粗差即表现为先验随机模型和实际随机模型的差异过大。

　　将粗差归为函数模型,可解释为均值漂移模型,其处理的思想是在正式进行最小二乘平差之前探测和定位粗差,然后剔除含粗差的观测值,得到一组比较净化的观测值,以便符合最小二乘平差观测值只具有偶然误差的条件;而将粗差归为随机模型,可解释为方差膨胀模型,其处理的思想是根据逐次迭代平差的结果来不断地改变观测值的权或方差,最终使粗差观测值的权趋于零或方差趋于无穷大,这种方法可以保证所估计的参数少受模型误差、特别是粗差的影响。

前已指出,在测量数据服从正态分布情况下,最小二乘估计具有最优统计性质。但最小二乘法对含粗差的观测量相当敏感,个别粗差就会对参数的估值产生较大的影响。下面是一个简单的例子。

设某量 x 的真值为 10m,对其进行了 8 次观测得:

$l_1=10.001$m $l_2=10.002$m $l_3=9.998$m $l_4=9.993$m

$l_5=10.001$m $l_6=10.008$m $l_7=10.500$m $l_8=9.997$m

采用最小二乘估计,即取其平均值得 $\hat{x}=10.0625$m。

由上例可以看出,由于受粗差观测值 l_7 的干扰,使最小二乘估计结果失实,与真值偏差较大。

稳健估计(Robust Estimation),测量中也称为抗差估计,它是针对最小二乘法抗粗差的干扰差这一缺陷提出的,其目的在于构造某种估计方法,使其对于粗差具有较强的抵抗能力。自 1953 年 G. E. P. BOX 首先提出稳健性(Robustness)的概念之后,Tukey、Huber、Hampel、Rousseeuw 等人对参数的稳健估计进行了卓有成效的研究,经过众多数理统计学家几十年的开拓和耕耘,至今稳健估计已发展成为一门受到多学科关注的分支学科。

本章结合测量数据和平差模型的特点,阐述稳健估计的原理以及实用的平差方法。

6.2 稳健估计原理

稳健估计讨论问题的方式是:对于实际问题有一个假定模型,同时又认为这个模型并不准确,而只是实际问题理论模型的一个近似。它要求解决这类问题的估计方法应达到以下目标:

(1)假定的观测分布模型下,估值应是最优的或接近最优的。

(2)当假设的分布模型与实际的理论分布模型有较小差异时,估值受到粗差的影响较小。

(3)当假设的分布模型与实际的理论分布模型有较大偏离时,估值不至于受到破坏性影响。

稳健估计的基本思想是:在粗差不可避免的情况下,选择适当的估计方法,使参数的估值尽可能避免粗差的影响,得到正常模式下的最佳估值。稳健估计的原则是要充分利用观测数据(或样本)中的有效信息,限制利用可用信息,排除有害信息。由于事先不大准确知道观测数据中有效信息和有害信息所占的比例以及它们具体包含在哪些观测中,从抗差的主要目标着眼是要冒

第 6 章 平差模型的稳健估计

损失一些效率的风险,去获得较可靠的、具有实际意义的较有效的估值。

6.2.1 极大似然估计准则

极大似然估计准则

设独立观测样本 $L_1,L_2,\cdots,L_n,X$ 为待估参数,L_i 的分布密度为 $f(l_i,\hat{X})$,其极大似然估计准则为

$$f(l_1,l_2,\cdots,l_n,\hat{X}) = f(l_1,x) \cdot f(l_2,x) \cdots f(l_n,x) = \max \quad (6\text{-}2\text{-}1)$$

或

$$\sum_{i=1}^{n} \ln f(l_i,\hat{X}) = \max \quad (6\text{-}2\text{-}2)$$

6.2.2 正态分布密度下的极大似然估计准则

设独立观测样本 $L_i \sim N(\mu_i,\sigma^2)$,其密度函数为

$$f(l_i) = \frac{1}{\sqrt{2\pi}\sigma}\exp\left\{-\frac{(l_i-\mu_i)^2}{2\sigma^2}\right\}$$

参数 X 的极大似然估计准则由(6-2-1)式得

$$f(l_1,l_2,\cdots,l_n,\hat{X}) = \left(\frac{1}{\sqrt{2\pi}\sigma}\right)^n \exp\left\{-\frac{\sum_{i=1}^{n}(l_i-\hat{\mu}_i)^2}{2\sigma^2}\right\} = \max$$

或

$$\sum_{i=1}^{n}(l_i-\hat{\mu}_i)^2 = \sum_{i=1}^{n}v_i^2 = \min \quad (6\text{-}2\text{-}3)$$

亦即正态分布密度下的极大似然估计准则就是最小二乘估计准则。

6.2.3 稳健估计的极大似然估计准则

稳健估计基本可以分为三大类型,即

(1)M 估计:又称为极大似然估计,基于 1964 年 Huber 所提出的 M 估计理论,丹麦的 Krarup 和 Kubik 等人于 1980 年将稳健估计理论引入测量界。

(2)L 估计:又称为排序线性组合估计,在测绘界也有一定范围应用。

(3)R 估计:又称秩估计,目前在测绘界应用还很少。

由于 M 估计是测量平差中最主要的抗差准则,下面着重对 M 估计加以讨论。

设观测样本 $L_1,L_2,\cdots,L_n,X$ 为待估参数,观测值 L_i 的分布密度为 $f(l_i,$

$\hat{X}$),由式(6-2-2)知,极大似然估计准则为

$$\sum_{i=1}^{n} \ln f(l_i, \hat{X}) = \max \quad (6\text{-}2\text{-}4)$$

若以 $\rho(\cdot)$ 代替 $-\ln f(\cdot)$,则极大似然估计准则可改写为

$$\sum_{i=1}^{n} \rho(l_i, \hat{X}) = \min \quad (6\text{-}2\text{-}5)$$

对上式求导,得

$$\sum_{i=1}^{n} \varphi(l_i, \hat{X}) = 0 \quad (6\text{-}2\text{-}6)$$

式中:$\varphi(l_i, \hat{X}) = \dfrac{\partial \rho(l, \hat{X})}{\partial \hat{X}}$。

由此可见,有一个 ρ(或 φ)函数,就定义了一个 M 估计,所以 M 估计是指由式(6-2-4)或式(6-2-5)定义的一大类估计。常用的 ρ 函数是对称、连续、严凸或者在正半轴上非降的函数,而且 φ 函数常取成满足上述条件的 ρ 函数之导函数。

采用 M 估计的关键是确定 ρ(或 φ)函数。作为一种稳健估计方法,ρ 函数的选取必须满足上述的稳健估计基本思想和参数稳健估计的三个目标。

如果将 ρ 函数选为

$$\rho(l_i, \hat{X}) = (l_i - \mu_i)^2$$

则

$$\sum_{i=1}^{n} \rho(l_i, \hat{X}) = \sum_{i=1}^{n} v_i^2$$

此为最小二乘准则,它不具有抗差性,不能认为它是一种稳健的估计方法。

6.3 基于选权迭代法的稳健估计方法

M 估计的估计方法有许多种,在测量平差中应用最广泛,计算简单,算法类似于最小二乘平差,易于程序实现的是选权迭代法。

设独立观测值为 $L_{n,1}$,未知参数向量为 $\hat{X}_{t,1}$,误差方程及权阵为

第 6 章 平差模型的稳健估计

$$V = B\hat{X} - l = \begin{bmatrix} b_1 \\ b_2 \\ \vdots \\ b_n \end{bmatrix} \hat{X} - \begin{bmatrix} l_1 \\ l_2 \\ \vdots \\ l_n \end{bmatrix} \quad P = \begin{bmatrix} P_1 & & & \\ & P_2 & & \\ & & \ddots & \\ & & & P_n \end{bmatrix} \quad (6\text{-}3\text{-}1)$$

式中：b_i 为 $1 \times t$ 系数向量。

考虑误差方程，M 估计的函数 $\rho(l_i, \hat{X})$ 可表述为

$$\rho(l_i, \hat{X}) = \rho(v_i) \quad (6\text{-}3\text{-}2)$$

6.3.1 等权独立观测的选权迭代法

设式 (6-3-1) 中的权阵 $P = I$，即 $p_1 = p_2 = \cdots = p_n = 1$，按 M 估计极大似然估计准则并取 ρ 函数为式 (6-3-2)，则有

$$\sum_{i=1}^{n} \rho(v_i) = \min \quad (6\text{-}3\text{-}3)$$

上式对 X 求导，同时记 $\varphi(v_i) = \dfrac{\partial \rho}{\partial v_i}$，可得

$$\sum_{i=1}^{n} \varphi(v_i) b_i = 0$$

对上式进行转置，得

$$\sum_{i=1}^{n} b_i^\mathrm{T} \varphi(v_i) = 0$$

或

$$\sum_{i=1}^{n} b_i^\mathrm{T} \frac{\varphi(v_i)}{v_i} v_i = 0 \quad (6\text{-}3\text{-}4)$$

再令 $w_i = \dfrac{\varphi(v_i)}{v_i}$，并将式 (6-3-4) 写成矩阵形式，得

$$B^\mathrm{T} W V = 0 \quad (6\text{-}3\text{-}5)$$

式中：

$$\underset{n,n}{W} = \begin{bmatrix} w_1 & & & \\ & w_2 & & \\ & & \ddots & \\ & & & w_n \end{bmatrix} = \begin{bmatrix} \dfrac{\varphi(v_1)}{v_1} & & & \\ & \dfrac{\varphi(v_2)}{v_2} & & \\ & & \ddots & \\ & & & \dfrac{\varphi(v_n)}{v_n} \end{bmatrix} \quad (6\text{-}3\text{-}6)$$

称为稳健权矩阵,其元素 w_i 称为稳健权因子,简称权因子,是相应残差 v_i 的函数。

将误差方程(6-3-1)代入所得 M 估计的法方程式为

$$B^{\mathrm{T}}WB\hat{X} = B^{\mathrm{T}}Wl \qquad (6\text{-}3\text{-}7)$$

当选定 ρ 函数后,稳健权阵 W 可以确定,但 w_i 是 v_i 的函数,故稳健估计需要对权进行迭代求解。

6.3.2 不等权独立观测的选权迭代法

误差方程及权阵为式(6-3-1),Huber(1964)[23] 提出的 M 估计准则(6-3-3)没有考虑测量中不等精度观测情况,但这种情况在测量平差中是普遍情形,为此,周江文教授于1989年提出了不等权独立观测情况下的 M 估计准则[24]为

$$\sum_{i=1}^{n} p_i \rho(v_i) = \sum_{i=1}^{n} p_i \rho(b_i \hat{X} - l_i) = \min \qquad (6\text{-}3\text{-}8)$$

与第一节推导类似,将上式对 X 求导,同时记 $\varphi(v_i) = \dfrac{\partial \rho}{\partial v_i}$,可得

$$\sum_{i=1}^{n} p_i \varphi(v_i) b_i = 0 \qquad (6\text{-}3\text{-}9)$$

令 $\overline{p}_i = p_i w_i$,$w_i = \dfrac{\varphi(v_i)}{v_i}$,则有

$$\sum_{i=1}^{n} b_i^{\mathrm{T}} \overline{p}_i v_i = 0$$

或

$$B^{\mathrm{T}} \overline{P} V = 0 \qquad (6\text{-}3\text{-}10)$$

将 $V = B\hat{X} - l$ 代入,可得 M 估计的法方程为

$$B^{\mathrm{T}} \overline{P} B \hat{X} - B^{\mathrm{T}} \overline{P} L = 0 \qquad (6\text{-}3\text{-}11)$$

式中:$\overline{P}$ 为等价权阵,$\overline{p}_i$ 为等价权元素,是观测权 p_i 与权因子 w_i 之积,其定义由周江文给出。当 $p_1 = p_2 = \cdots = p_n = 1$ 时,$\overline{P} = W$,准则(6-3-8)就是式(6-3-3),可见后者是前者的特殊情况。

上式与最小二乘估计中的法方程形式完全一致,仅用权函数矩阵 $\overline{P}$ 代替观测权阵 P。由于权函数矩阵 $\overline{P}$ 是残差 V 的函数,计算前 V 未知,只能通过给其赋予一定的初值,采用迭代方法估计参数 $\hat{X}$。由此得参数的稳健 M 估计估值为:

$$\hat{X} = (B^T \overline{P} B)^{-1} B^T \overline{P} L \qquad (6\text{-}3\text{-}12)$$

用选权迭代法进行稳健估计,测绘界也称为抗差最小二乘法。

6.3.3 选权迭代法进行稳健估计的计算步骤

其计算的迭代过程为:

(1)列立误差方程,令各权因子初值均为 1,即令 $w_1 = w_2 = \cdots = w_n = 1$, $W = I$,则 $\overline{P}^{(0)} = P$, P 为观测权阵。

(2)解算法方程(6-3-11),得出参数 $\hat{X}$ 和残差 V 的第一次估值:

$$\hat{X}^{(1)} = (B^T P B)^{-1} B^T P L$$

$$V^{(1)} = B \hat{X}^{(1)} - L$$

(3)由 $V^{(1)}$ 按 $\dfrac{\varphi(V_i)}{V_i} = w_i$ 确定各观测值新的权因子,按 $\overline{p}_i = p_i w_i$ 构造新的等价权 $\overline{P}^{(1)}$,再解算法方程(6-3-11),得出参数 $\hat{X}$ 和残差 V 的第二次估值:

$$\hat{X}^{(2)} = (B^T \overline{P}^{(1)} B)^{-1} B^T \overline{P}^{(1)} L$$

$$V^{(2)} = B \hat{X}^{(2)} - L$$

(4)由 $V^{(2)}$ 构造新的等价权 $\overline{P}^{(2)}$,再解算法方程,类似迭代计算,直至前后两次解的差值符合限差要求为止。

(5)最后结果为

$$\hat{X}^{(k)} = (B^T \overline{P}^{(k-1)} B)^{-1} B^T \overline{P}^{(k-1)} L$$

$$V^{(k)} = B \hat{X}^{(k-1)} - L$$

由于 $\overline{p}_i = p_i w_i$,而 $w_i = \dfrac{\varphi(v_i)}{v_i}$,$\varphi(v_i) = \dfrac{\partial \rho}{\partial v_i}$,故随着 ρ 函数的选取不同,构成了权函数的多种不同形式,但权函数总是一个在平差过程中随改正数变化的量,其中 w_i 与 v_i 的大小成反比,v_i 愈大,w_i、$\overline{p}_i$ 就愈小,因此经过多次迭代,从而使含有粗差的观测值的权函数为零(或接近为零),使其在平差中不起作用,而相应的观测值残差在很大程度上反映了粗差值。这样一种通过在平差过程中变权实现参数估计的稳健性的方法,称之为选权迭代法。

6.3.4 几种常用的 ρ 函数

ρ 函数的选取是稳健估计方法的核心问题,为此近 20 多年来,统计数学界、测量界作了大量研究,提出了许多种不同的 ρ 函数。本节阐述在测量平差中常用的用于独立观测值的几种 ρ 函数。

(1) Huber 函数

$$\rho(u) = \begin{cases} \dfrac{1}{2}u^2, & |u| \leqslant k \\ k|u| - \dfrac{1}{2}k^2, & |u| > k \end{cases} \qquad (6\text{-}3\text{-}13)$$

$$\varphi(u) = \begin{cases} u, & |u| \leqslant k \\ k\,\mathrm{sign}(u), & |u| > k \end{cases}$$

$$w(u) = \begin{cases} 1, & |u| \leqslant k \\ \dfrac{k}{|u|}, & |u| > k \end{cases}$$

式中：$u=v/s$；s 在 $|u|\leqslant k$ 区间取 $\hat{\sigma}$（标准差），在 $|u|>k$ 区间 s 取 MAD，

$$\mathrm{MAD} = \mathop{\mathrm{mad}}_{i} |v_i|, k\text{ 为常数}, \mathrm{sign}(u) = \begin{cases} 1, & u > 0 \\ 0, & u = 0 \\ -1, & u < 0 \end{cases}$$

式中：MAD 为 Median Absolute Deviation 的缩写，表示中位绝对差，亦即取一组 V_i 绝对值的中位数。将 V_i 按绝对值大小排列，若总个数为奇数，中位数就是位于中间的值，若总个数为偶数，则可取其最中间两个数的平均值，V_i 为观测值的残差。

(2) 残差绝对和最小函数

$$\rho(u) = |u| \qquad (6\text{-}3\text{-}14)$$

$$\varphi(u) = \mathrm{sign}(u)$$

$$w(u) = \mathrm{sign}(u)/u = \dfrac{1}{|u|}$$

式中：$u=v/\mathrm{MAD}$。

(3) Tukey 函数

$$\rho(u) = \begin{cases} \dfrac{1}{6}[1-(1-u^2)^3], & |u| \leqslant 1 \\ \dfrac{1}{6}, & |u| > 1 \end{cases} \qquad (6\text{-}3\text{-}15)$$

$$\varphi(u) = \begin{cases} u(1-u^2)^2, & |u| \leqslant 1 \\ 0, & |u| > 1 \end{cases}$$

$$w(u) = \begin{cases} (1-u^2)^2, & |u| \leqslant 1 \\ 0, & |u| > 1 \end{cases}$$

式中：$u=\dfrac{v}{c\cdot \text{MAD}}$，$c$ 为回归因子。

(4) Hampel 函数

$$\rho(u)=\begin{cases}\dfrac{1}{2}u^2, & |u|\leqslant a \\ a|u|-\dfrac{1}{2}a^2, & a<|u|\leqslant b \\ ab-\dfrac{1}{2}a^2+(c-b)\dfrac{a}{2}\left[1-\left(\dfrac{c-|u|}{c-b}\right)^2\right], & b<|u|\leqslant c \\ ab-\dfrac{1}{2}a^2+(c-b)\dfrac{a}{2}, & c<|u|\end{cases} \quad(6\text{-}3\text{-}16)$$

$$\varphi(u)=\begin{cases}u, & |u|\leqslant a \\ a\cdot\text{sign}(u), & a<|u|\leqslant b \\ a\cdot\dfrac{c-|u|}{c-b}\cdot\text{sign}(u), & b<|u|\leqslant c \\ 0, & c<|u|\end{cases}$$

$$w(u)=\begin{cases}1, & |u|\leqslant a \\ \dfrac{a}{|u|}, & a<|u|\leqslant b \\ a\cdot\dfrac{c-|u|}{(c-b)|u|}, & b<|u|\leqslant c \\ 0, & |u|>c\end{cases}$$

式中：$u=\dfrac{v}{\text{MAD}}$，a、b、c 为调制系数。

从以上列举的几个著名 ρ 函数可以看出，其特点是当 u 小于某个数，相当于残差 v 小于 n 倍标准差时，其权因子 $w(u)$ 取为 1 或近于 1，相当于最小二乘估计定权方法。如 u 大于某个数，则其权因子就小于 1，作降权处理，有的函数在 u 大于某个值时，取权因子为零，即采用淘汰法，将该观测予以剔除。

以上函数，都是统计学者给出的，其中特点是数据样本来自于直接抽样而且数据等权，因而在 ρ 函数中出现了中位绝对差。统计学中许多 ρ 函数都可成功地用于等权直接平差情形。

将稳健估计的选权迭代法用于测量平差模型，测绘界作了大量的研究，以统计学界的 ρ 函数为基础扩展至适用于平差模型（间接子样），估计准则顾及了观测数据的权阵，引进了等价权概念，使稳健估计成为抵抗粗差的一种有效的平差方法。为此，周江文等将此法称为抗差最小二乘法。

6.4 几种常用的抗差最小二乘法

设平差的函数模型和随机模型为
$$\underset{n,1}{L} = \underset{n,t}{B}\underset{t,1}{X} + \underset{n,1}{\Delta} \quad D = \sigma_0^2 Q = \sigma_0^2 P^{-1} \tag{6-4-1}$$

式中：$R(B)=t$，相应的误差方程及权阵为
$$V = B\hat{X} - l \quad P(\text{对角}) \tag{6-4-2}$$

$l = L - BX^0$，X^0 为 X 的近似值。

6.4.1 残差绝对和最小法

ρ 函数为
$$\rho(u) = |u| \tag{6-4-3}$$

相应的权因子为
$$w_i = \frac{\varphi(v_i)}{v_i} = \frac{\partial |v|}{\partial v_i} \frac{1}{v_i} = \frac{1}{|v_i|} \tag{6-4-4}$$

为了解决迭代计算中因 $v_i = 0$ 出现定权问题，计算时也可取权因子为
$$w_i = \frac{1}{|v_i| + k} \tag{6-4-5}$$

式中：k 为很小的数。

平差准则为
$$\sum_{i=1}^{n} P_i |v_i| = \min \tag{6-4-6}$$

即带观测权的残差绝对和为最小。

顾及等价权元素 $\overline{P}_i = P_i w_i$，按式(5-3-11)可得此法的法方程及其解为
$$B^{\text{T}} \overline{P} B \hat{X} = B^{\text{T}} \overline{P} l$$
$$\hat{X} = (B^{\text{T}} \overline{P} B)^{-1} B^{\text{T}} \overline{P} l \tag{6-4-7}$$

式中：$\overline{P}$ 为对角阵，其元素为 $\overline{P}_i$。

此法也称为残差一次范数最小法（L_1 法）。

例 6.1 设某变量 X 的真值为 10m，对其进行 8 次观测得：

$l_1 = 10.001$, $l_2 = 10.002$, $l_3 = 9.998$, $l_4 = 9.993$,
$l_5 = 10.001$, $l_6 = 10.008$, $l_7 = 10.100$, $l_8 = 9.997$

解 此题是一个直接平差的算例，利用间接平差计算实际上等同于加权平均。

(1) 设所有观测值的权都为 1,加权平均得 $\hat{x}=10.0125$。

(2) 分别求各观测值的改正数的绝对值 $|v_i|$,取 $k=10^{-6}$。

(3) 根据 $w_i=\dfrac{1}{|v_i|+k}$ 定权得各观测值的一组新权因子:

$w_1=86.948961 \quad w_2=95.229026 \quad w_3=68.960761 \quad w_4=51.279422$

$w_5=86.948961 \quad w_6=222.172850 \quad w_7=11.428441 \quad w_8=64.511967$

(4) 使用新获得的权进行加权平均值 $\hat{x}=10.0037734451$;

(5) 重复进行第(2)~(4)步,直到计算结果收敛为止。经过 10 次迭代运算,最后结果为 $\hat{x}=10.001$。

各次运算的权和参数估计结果列于表 6-1(权只取小数后面 2 位)。

表 6-1　　L_1 法权和参数估计迭代计算

	w_1	w_2	w_3	w_4	w_5	w_6	w_7	w_8	x(m)
1	1.00	1.00	1.00	1.00	1.00	1.00	1.00	1.00	10.0125
2	86.95	95.23	68.96	51.28	86.95	222.17	11.43	64.51	10.0037734451
3	360.43	563.56	173.18	92.81	360.43	236.54	10.39	147.61	10.0017175929
4	1391.61	3528.49	268.92	114.70	1391.61	159.15	10.17	211.93	10.0014349253
5	2293.97	1766.55	291.04	118.54	2293.97	152.30	10.15	225.43	10.0011557419
6	6379.91	1183.07	316.78	122.60	6379.91	146.09	10.12	240.57	10.0010212340
7	44976.09	1020.65	330.88	124.65	44976.09	143.27	10.10	248.62	10.0010004292
8	699703.56	999.43	333.17	124.98	699703.56	142.85	10.10	249.91	10.0010000003
9	999747.33	999.00	333.22	124.98	999747.33	142.84	10.10	249.94	10.0009999998
10	999778.54	999.00	333.22	124.98	999778.54	142.84	10.10	249.94	10.0009999998

例 6.2　在图 6-1 所示的水准网中,A 和 B 是已知高程的水准点,并设这些点已知高程无误差。图中 P_1、P_2 为待定点,A 和 B 点高程、观测高差和相应的水准路线长度列于表 6-2。试求各点的平差高程(在水准路线 h_2 中人为加入 2dm 的粗差)。

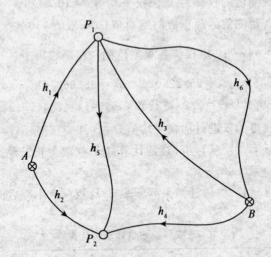

图 6-1 水准网图

表 6-2 观测数据

线路编号	观测高差(m)	线路长度(m)	已知高程(m)
1	+1.359	1.1	
2	+2.209	1.7	
3	+0.363	2.3	$H_A = 5.016$
4	+1.012	2.7	$H_B = 6.016$
5	+0.657	2.4	
6	−0.357	4.0	

解 （1）列误差方程

设 P_1, P_2 点高程平差值为 $\hat{X}_1, \hat{X}_2$，相应的近似值取为

$$X_1^0 = H_A + h_1, \quad X_2^0 = H_A + h_2$$

按图列出平差值方程后，将观测数据代入即得误差方程

第 6 章 平差模型的稳健估计

$$\begin{cases} v_1 = \hat{x}_1 & +0 \\ v_2 = & \hat{x}_2 & +0 \\ v_3 = \hat{x}_1 & & -4 \\ v_4 = & \hat{x}_2 & +197 \\ v_5 = -\hat{x}_1 & +\hat{x}_2 & +193 \\ v_6 = -\hat{x}_1 & & -2 \end{cases}$$

$$B = \begin{bmatrix} 1 & 0 \\ 0 & 1 \\ 1 & 0 \\ 0 & 1 \\ -1 & 1 \\ -1 & 0 \end{bmatrix}, l = \begin{bmatrix} 0 \\ 0 \\ 4 \\ -197 \\ -193 \\ 2 \end{bmatrix}$$

式中:常数项以 mm 为单位。

(2) 定权

以 1km 的观测高差为单位权观测值,观测值相互独立,定权为 $p_i = 1/S_i$,则

$$P = \begin{bmatrix} 0.91 & & & & & \\ & 0.59 & & & & \\ & & 0.43 & & & \\ & & & 0.37 & & \\ & & & & 0.42 & \\ & & & & & 0.25 \end{bmatrix}$$

设初始值 $w = \begin{bmatrix} 1.0 & & & & & \\ & 1.0 & & & & \\ & & 1.0 & & & \\ & & & 1.0 & & \\ & & & & 1.0 & \\ & & & & & 1.0 \end{bmatrix}$

则

$$\overline{P} = Pw = \begin{bmatrix} 0.91 & & & & & \\ & 0.59 & & & & \\ & & 0.43 & & & \\ & & & 0.37 & & \\ & & & & 0.42 & \\ & & & & & 0.25 \end{bmatrix}$$

组成法方程
$$B^{\mathrm{T}}\overline{P}B\,\hat{x} - B^{\mathrm{T}}\overline{P}l = 0$$

(3) 解法方程,得
$$\hat{x} = \begin{bmatrix} \hat{x}_1 \\ \hat{x}_2 \end{bmatrix} = \begin{bmatrix} 18.821668 \\ -105.829637 \end{bmatrix}$$

(4) 计算改正数:
$$V = B\hat{x} - l = \begin{bmatrix} 18.821668 \\ -105.829637 \\ 14.821668 \\ 91.170363 \\ 68.348695 \\ -20.821668 \end{bmatrix}$$

(5) 取 $k = 10^{-10}$,根据 $w_i = \dfrac{1}{|v_i| + k}$ 定权得各观测值的一组新权因子 w。

(6) 重复计算 (2)~(5) 步,直到改正数收敛为止。

表 6-3 是前四次迭代的权因子和改正数。

表 6-3 权因子迭代计算

	h_1		h_2		h_3		h_4		h_5		h_6	
	w_1	v_1	w_2	v_2	w_3	v_3	w_4	v_4	w_5	v_5	w_6	v_6
1	1.00	18.82	1.00	-105.83	1.00	14.82	1.00	91.17	1.00	68.35	1.00	-20.82
2	0.05	5.42	0.01	-123.72	0.07	1.42	0.01	73.28	0.01	63.86	0.05	-7.42
3	0.18	2.96	0.01	-136.91	0.70	-1.04	0.01	60.09	0.02	53.13	0.13	-4.96
4	0.34	2.45	0.01	-148.02	0.96	-1.55	0.02	48.98	0.02	42.53	0.20	-4.45
…	…	…	…	…	…	…	…	…	…	…	…	…

经过 25 次迭代收敛，最后结果如表 6-4 所示。

表 6-4　　　　　　　　　　L_1 法平差结果

	权因子 w	改正数 v(mm)	平差结果(mm)
1	939862.82753	0.00000	1359.00000
2	0.00518	−192.99928	2016.00072
3	0.25000	−4.00000	359.00000
4	0.24991	4.00072	1016.00072
5	729.17769	0.00072	657.00072
6	0.50000	−2.00000	−359.00000

6.4.2　丹麦法

$$w_i = \begin{cases} 1, & |v_i| \leqslant c \\ \exp(1-(v_i/c)^2), & |v_i| > c \end{cases} \quad (6\text{-}4\text{-}8)$$

式中：k 为常数。

例 6.3　题同例 6.1。

解　(1) 设所有观测值的权都为 1，加权平均得 $\hat{x} = 10.0125$。

(2) 求得中误差为 $\hat{\sigma} = 0.033320$。

(3) 分别求各观测值的改正数的绝对值 $|v_i|$。

(4) 根据 $w_i = \begin{cases} 1, & |v_i| \leqslant c \\ \exp(1-(v_i/c)^2), & |v_i| > c \end{cases}$　(c 是调和参数，需根据经验模型设定，这里取 $c = 1.5\hat{\sigma}$)

定权得各观测值的一组新权因子：

$w_1 = 1.00, w_2 = 1.00, w_3 = 1.00,$　　　　$w_4 = 1.00$
$w_5 = 1.00, w_6 = 1.00, w_7 = 0.126834108,$　　$w_8 = 1.00$

(5) 使用新获得的权进行加权，平均值 $\hat{x} = 10.0017796697$。

(6) 重复进行第 (2)～(5) 步，直到计算结果收敛为止。

各次运算的权和结果列于表 6-5。

表 6-5　　　　　　　　丹麦法权和参数估计迭代计算

	w_1	w_2	w_3	w_4	w_5	w_6	w_7	w_8	x(m)
1	1.00	1.00	1.00	1.00	1.00	1.00	1.00	1.00	10.0125
2	1.00	1.00	1.00	1.00	1.00	1.00	0.126834108	1.00	10.0017796697
3	1.00	1.00	1.00	1.00	1.00	1.00	0.057160837	1.00	10.0008099693
4	1.00	1.00	1.00	1.00	1.00	1.00	0.052944175	1.00	10.0007506677
5	1.00	1.00	1.00	1.00	1.00	1.00	0.052695354	1.00	10.0007471662
6	1.00	1.00	1.00	1.00	1.00	1.00	0.052680694	1.00	10.0007469599
7	1.00	1.00	1.00	1.00	1.00	1.00	0.052679830	1.00	10.0007469477
8	1.00	1.00	1.00	1.00	1.00	1.00	0.052679779	1.00	10.0007469470
9	1.00	1.00	1.00	1.00	1.00	1.00	0.052679776	1.00	10.0007469469

例 6.4　题同例 6.2。

解　(1)～(4)同例 6.2。

(5)根据 $w_i = \begin{cases} 1, & |v_i| \leqslant c \\ \exp(1-(v_i/c)^2), & |v_i| > c \end{cases}$ （取 $c = 1.5\hat{\sigma}$）

定权得各观测值的一组新权因子 w。

(6)重复计算(2)～(5)步,直到改正数收敛为止。

表 6-6 是迭代的权因子和改正数。

表 6-6　　　　　　　　权因子迭代计算

	h_1		h_2		h_3		h_4		h_5		h_6	
	w_1	v_1	w_2	v_2	w_3	v_3	w_4	v_4	w_5	v_5	w_6	v_6
1	1.00	18.82	1.00	−105.83	1.00	14.82	1.00	91.17	1.00	68.35	1.00	−20.82
2	1.00	13.75	0.53	−130.09	1.00	9.75	0.81	66.91	0.81	49.16	1.00	−15.75
3	1.00	6.82	0.23	−163.26	1.00	2.82	1.00	33.74	0.93	22.92	1.00	−8.82
4	1.00	2.05	0.06	−186.09	1.00	−1.95	1.00	10.91	1.00	4.86	1.00	−4.05
…	…	…	…	…	…	…	…	…	…	…	…	…

经过 11 次迭代收敛,最后结果见表 6-7。

表 6-7　　　　　　　　　　丹麦法平差结果

	权因子 w	改正数 v(mm)	平差结果(mm)
1	1.00000	0.64551	1359.64551
2	0.01191	−192.81554	2016.18446
3	1.00000	−3.35449	359.64551
4	1.00000	4.18446	1016.18446
5	1.00000	−0.46105	656.53895
6	1.00000	−2.64551	−359.64551

6.4.3　Huber 函数法

$$\rho(u)=\begin{cases}\dfrac{1}{2}v^2,& |v|\leqslant C\\ k|v|-\dfrac{1}{2}v^2,& |v|>C\end{cases} \quad (6\text{-}4\text{-}9)$$

式中:k 为常数,可取 $k=2\sigma\sim3\sigma$,相应的权因子为

$$w_i=\begin{cases}1,& |v_i|\leqslant C\\ C/|v_i|,& |v_i|>C\end{cases} \quad (6\text{-}4\text{-}10)$$

6.4.4　IGG 方案[24]

IGG 方案是基于测量误差的有界性提出来的,它对测量抗差估计比较有效。其等价权因子取为:

$$w_i=\begin{cases}1,& |v_i|\leqslant k_0\\ k_0/|v_i|,& k_0\leqslant|v_i|<k_1\\ 0,& k_1\leqslant|v_i|\end{cases}$$

式中:$u=\dfrac{v}{\sigma}$,$k_0=1.5$,$k_1=2.5$(淘汰点)。

6.5　相关观测的稳健估计方法

现代测量手段趋向于向数据采集的自动化和快速化发展,其观测量及观

测量的误差都具有一定的特殊性和复杂性。首先，大规模集成化的数据采集手段可同时获取大批量的多类观测数据，对这些数据需进行综合的数据处理和分析，这样的观测量之间大多存在着比较强的相关性，并且观测量中还同时包含了粗差、系统误差及偶然误差，其中粗差和系统误差成为影响最终平差精度的主要因素。在平差处理中，如何发现和区分相关粗差观测量，并消除其影响，是提高大规模整体平差成果精度的一个关键问题。统计学界对相关随机变量的抗差估计几乎没有什么讨论。在测绘界，针对测绘工作的实际情况，从 M 估计着手，我国学者杨元喜、刘经南等提出了一些实用的方法和模型。

在我国最早出现的相关等价权函数，是杨元喜在周江文 IGG 方案下扩充提出的 IGG Ⅲ 方案，IGG Ⅲ 方案的相关等价权函数为：

$$\overline{P}_{ij} = \begin{cases} P_{ij}, & |V_j/\sigma| < K_0 \\ P_{ij} \dfrac{K_0}{|V_j/\sigma|} \left[\dfrac{K_1 - |V_j/\sigma|}{K_1 - K_0} \right], & K_0 \leqslant |V_j/\sigma| < K_1 \\ 0, & |V_j/\sigma| \geqslant K_1 \end{cases} \quad (6\text{-}5\text{-}1)$$

式中：$K_0 = 1.0 \sim 1.5$，$K_1 = 2.5 \sim 3.0$。

从此，相关观测权函数的研究逐渐展开。

实际上，如果将粗差归为随机模型，它表现为粗差观测量的先验方差 σ_{ii}^2 与其实际方差 $\tilde{\sigma}_{ii}^2$ 之间有较大的差异，则可以解释为方差膨胀模型（如图 6-2 所示），此时可以通过扩大异常观测的方差来控制粗差的影响。基于这种考虑，刘经南、姚宜斌（2000）提出基于等价方差-协方差的稳健最小二乘估计方法（Robust Least Square method）[25][26]，具体方法是根据逐次迭代平差的结果来不断地扩大观测值的方差-协方差，使粗差观测量的先验方差 σ_{ii}^2 与其实际方差 $\tilde{\sigma}_{ii}^2$ 相匹配，以减少粗差的影响。

对于 M 估计而言，所构造的 ρ 函数应满足：

$$\Omega = \sum_{i=1}^{n} \rho(X, L_i) = \min(\text{极小}) \quad (6\text{-}5\text{-}2)$$

顾及先验方差-协方差，ρ 函数应满足：

$$\Omega = \sum_{i=1}^{n} D^{-1} \rho(X, L_i) = \min(\text{极小}) \quad (6\text{-}5\text{-}3)$$

对于多维 M 估计，其极值函数可表述为：

$$\sum_{i=1}^{n} \sum_{j=1}^{n} D_{ij}^{-1} \rho(v_i, v_j) = \min \quad (6\text{-}5\text{-}4)$$

注意这里用的是方差的逆矩阵，主要是考虑到后面利用最小二乘求解的

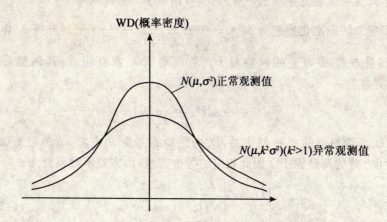

图 6-2 方差膨胀模型（粗差归为随机模型）

方便。

对式(6-5-4)左边求导,并令其为零,同时记 $\varphi_i(v_i,v_j)=\dfrac{\partial}{\partial v_i}\rho(v_i,v_j)$,则有

$$\sum_{i=1}^{n}\sum_{j=1}^{n}D_{ij}^{-1}\varphi_i(v_i,v_j)a_i=0 \qquad (6\text{-}5\text{-}5)$$

注意：上式中省略了对 v_j 的求导 $\varphi_j(v_i,v_j)$,主要是考虑到 ρ 对 $v_i(i=1,2,\cdots,n)$ 与 ρ 对 $v_j(j=1,2,\cdots,n)$ 求导形式完全相同,且 $D_{ij}=D_{ji}$,$D_{ij}^{-1}=D_{ji}^{-1}$,故可省去 $\sum\limits_{i=1}^{n}\sum\limits_{j=1}^{n}D_{ij}^{-1}\varphi_j(v_i,v_j)a_j$。

式(6-5-5)的矩阵表达式为

$$A^{\mathrm{T}}\begin{bmatrix} D_{11}^{-1}\varphi_1(v_1,v_1)/v_1 & \cdots & D_{1n}^{-1}\varphi_1(v_1,v_n)/v_n \\ \vdots & & \vdots \\ D_{n1}^{-1}\varphi_n(v_n,v_1)/v_n & \cdots & D_{nn}^{-1}\varphi_n(v_n,v_n)/v_n \end{bmatrix}\begin{bmatrix}v_1\\v_2\\\vdots\\v_n\end{bmatrix}=0 \qquad (6\text{-}5\text{-}6)$$

现直接定义 φ 函数,令 $\overline{D}_{ii}^{-1}=D_{ii}^{-1}\varphi_i(v_i,v_i)/v_i$,$\overline{D}_{ij}^{-1}=D_{ij}^{-1}\varphi_i(v_i,v_j)/v_j$,则式(6-5-5)可化为：

$$A^{\mathrm{T}}\overline{D}^{-1}V=0 \qquad (6\text{-}5\text{-}7)$$

为计算的方便,上式两端乘以 σ_0^2,则有

$$A^{\mathrm{T}}(\sigma_0^2\overline{D}^{-1})V=0 \qquad (6\text{-}5\text{-}8)$$

上式具有最小二乘法的一般形式，可用最小二乘法求解。

所定义的标准化残差为 $\omega_i = \dfrac{v_i}{\sigma_{v_i}} = \dfrac{v_i}{\sqrt{(Q_{vv}P_{ll})_{ii}}\sigma_{l_i}} = \dfrac{v_i}{\sigma_0 \sqrt{q_{v_{ii}}}}$，并将 ω_i 作为粗差观测量方差-协方差的调整因子。若观测值 l_i 含有粗差，其调整后的方差-协方差为：

$$\overline{D}_{ii} = \omega_i^2 D_{ii} = \frac{v_i^2}{\sigma_{v_i}^2} D_{ii} \qquad (6\text{-}5\text{-}9)$$

式中：$\overline{D}_{ii}$ 为调整后的方差-协方差，D_{ii} 为先验的方差-协方差，ω_i 为粗差观测量方差-协方差的调整因子。因此相应的等价方差-协方差函数模型为：

$$\begin{cases} \overline{D}_{ii} = \begin{cases} D_{ii} & |\omega_i| < k_0 \\ \omega_i^2 D_{ii} & |\omega_i| \geqslant k_0 \end{cases} \\ \overline{D}_{ij} = \rho_{ij} \sqrt{\overline{D}_{ii}\,\overline{D}_{jj}} \end{cases} \qquad (6\text{-}5\text{-}10)$$

$$(i = 1,2,\cdots,n; j = 1,2,\cdots,n)$$

式中：k_0 的取值一般在 1.5～3.0 之间，而 $\rho_{ij} = \dfrac{D_{ij}}{\sqrt{D_{ii}D_{jj}}}$。

上述模型是将粗差归为随机模型的方差膨胀模型的直接体现。对于独立观测，该模型与等价权函数模型等价。也就是说，等价权函数模型是等价方差-协方差函数模型的一种特例。对于相关观测，该模型充分利用了相关观测量间的先验信息（相关系数 ρ），从而保证了相关观测量间的相关性的不变性，而以前的相关等价权模型很少考虑这一信息，因此该模型更符合实际。对于相关观测，本模型所设计的等价方差-协方差阵是严格对称的。同时，该模型简单直观，便于植入已有的最小二乘程序，易于程序实现。

相关观测的稳健估计计算过程与独立观测的稳健估计计算过程完全一致，可采用前述的稳健 M 估计算法。

随着研究的逐渐深入，杨元喜等（2002）对等价权函数又进行了扩展，构造了双因子等价权模型，其构造的双因子等价权元素为：

$$\overline{p}_{ij} = p_{ij}\gamma_{ij} \qquad (6\text{-}5\text{-}11)$$

式中：$\gamma_{ij} = \sqrt{\gamma_{ii}\gamma_{jj}}$，$\gamma_{ii}$ 和 γ_{jj} 为自适应降权因子和收缩因子，γ_{ii} 可采用 Huber 函数，即

$$\gamma_{ii} = \begin{cases} 1, & |\widetilde{v}_i| \leqslant c \\ \dfrac{c}{|\widetilde{v}_i|}, & |\widetilde{v}_i| > c \end{cases} \qquad (6\text{-}5\text{-}12)$$

式中：$\widetilde{v}_i$ 为标准化残差，c 为常量，c 可取 1.0～1.5，γ_{jj} 和 γ_{ii} 相似。而 γ_{ii} 也可采

用其他降权因子,如 Hampel 权函数等。

6.6 稳健回归分析

回归分析就是用数理统计的方法,研究自然界中变量之间存在的非确定的相互依赖和制约关系,并把这种非确定的相互依赖和制约关系用数学表达式表达出来。其目的在于利用这些数学表达式以及对这些表达式的精度估计,对未知变量作出预测或检验其变化,为决策服务。因此从某种程度而言,回归分析也可以认为是对自然界中具有相关关系的变量进行简单的反演。回归分析方法在测量界有着广泛的应用,例如在大坝的变形监测中,可以用回归分析的方法建立位移量与水位、水温等相关因素之间的数学函数关系,根据所建立的回归方程分析变形的某些现象,并可预报在某一水位、水温下的位移量。

为了研究自变量 x 和因变量 y 之间的数值变化规律,人们往往从统计角度对回归函数的形式作一些必要的、合理的假设,并确定了一些经验的回归方程函数形式。不失一般性,设有 m 个自变量 $x_1, x_2, \cdots, x_m$,因变量 y 对 $x_1, x_2, \cdots, x_m$ 的线性回归函数可写为

$$y = a_0 + a_1 x_1 + a_2 x_2 + \cdots + a_m x_m \qquad (6\text{-}6\text{-}1)$$

在实际问题中,人们往往只能在 x 取一组定值的条件下,得到 y 的一组观测样本,由于这组观测样本必然带有随机抽样误差 ε,因此回归方程可改写为

$$y = a_0 + a_1 x_{i1} + a_2 x_{i2} + \cdots + a_m x_{im} + \varepsilon_i, (i = 1, 2, \cdots, n) \quad (6\text{-}6\text{-}2)$$

回归分析首先要建立回归方程,也就是利用因变量 y 的观测值($y_1, y_2, \cdots, y_n$)和自变量之值 $x_{i1}, x_{i2}, \cdots, x_{im}(i=1,2,\cdots,n)$ 对回归参数 $a_0, a_1, a_2, \cdots, a_m$ 进行估计。目前在求回归参数 $a_0, a_1, a_2, \cdots, a_m$ 时,通常认为用于求回归参数的因变量样本 y_i 只存在偶然误差,而忽略自变量之值 $x_{i1}, x_{i2}, \cdots, x_{im}(i=1,2,\cdots,n)$ 可能存在的误差,具体是对式(6-6-2)在经典最小二乘原理($V^T PV = \min$)下求解回归参数 $a_0, a_1, a_2, \cdots, a_m$。实际上,现代测量手段趋向于数据采集的自动化和快速化发展,大规模集成化的数据采集手段所获取的大批量的多类观测数据中不可避免地存在粗差和系统误差。由于经典最小二乘原理不具备抗差性,故当样本存在粗差时,必将对整个回归方程的参数估计产生破坏性影响,因此有必要增加回归分析的抗差性。

6.6.1 稳健回归分析及其数据处理

前已述及,对于粗差的处理,通常有两条途径:一种途径是把粗差归为函数模型(数字期望漂移模型),从巴尔达的可靠性理论出发,用数据探测法,或由此出发的分步探测法剔除粗差。另一种途径是把粗差归为平差的随机模型(方差膨胀模型),利用稳健估计法,在逐次迭代平差中不断地增大粗差观测值的方差-协方差或减小其权,从而实现粗差的自动消除。

需要指出的是,数据探测法一次只能发现一个粗差,当要再次发现另一个粗差时,就要剔除所发现的粗差,并重新平差,计算统计量,逐次不断进行,直至不再发现粗差。由于每次只考虑一个粗差,并未顾及各改正数之间的相关性,检验的可靠性将受到一定限制。而稳健估计不像最小二乘估计那样,追求参数估计在绝对意义上的最优,而是在抗差前提下的最优或接近最优。这种方法可以保证所估的参数少受模型误差,特别是粗差的影响。

近年来,已有研究涉及在回归分析中引入稳健估计,采用选权迭代法以减弱和消除粗差对回归分析的影响,但其权函数的选择都是直接引入的,其最大的弱点是没有顾及自变量之间和因变量之间可能存在的相关性。下面将基于等价方差-协方差的相关稳健估计方法引入到回归分析中,所给出的稳健回归分析方法不同于已有的方法,其特点在于:其一是权函数的选取是基于等价方差-协方差原则;其二是在回归分析中可以顾及因变量之间和自变量之间的相关性。

稳健估计回归分析,目的是在因量样本 y_i 可能存在粗差的前提下,保证回归参数求解的尽可能的正确性。也就是说,将粗差识别和处理的思想引入到回归参数求解中,使回归分析具有一定的抗差性,由此,整个稳健回归分析的处理步骤为:

(1) 从观测值中提取自变量 $x_1, x_2, \cdots, x_m$ 和因变量 y。

(2) 依据对自变量和因变量性质的分析和实际经验,选取初步的回归模型。

(3) 用稳健最小二乘方法对回归参数 $a_0, a_1, \cdots, a_n$ 进行求解。

(4) 进行整体回归方程的方差分析和显著性检验。

(5) 进行回归参数的显著性检验。

(6) 进行回归分析的预测、预报。

6.6.2 稳健回归分析用于 GPS 高程拟合

考虑到曲面拟合是回归分析的一种最常用的情况,而且在实际测量数据处理中广泛应用,下面以 GPS 高程拟合为例,说明稳健回归分析在实际应用中的必要性和有效性。

在某一测区有 30 个已知 GPS 大地高的点,同时在这些点上联测了四等水准。下面选其中的 12 个点来建立曲面拟合方程,并用所建拟合方程对其余 18 个点的水准高进行预报,用预报的结果和已知的结果进行检核,从而判定所建立的回归方程的准确性和有效性。

曲面拟合方程可表述为:

$$\xi = a_0 + a_1 x + a_2 y + a_3 x^2 + a_4 xy + a_5 y^2$$

则相应的误差方程可表示为:

$$\xi_i = a_0 + a_1 x_i + a_2 y_i + a_3 x_i^2 + a_4 x_i y_i + a_5 y_i^2 + \varepsilon_i$$

采用经典最小二乘方法和稳健最小二乘法分别求解拟合参数,可得如下结果,见表 6-8。

表 6-8 用经典最小二乘法和稳健最小二乘法求解拟合参数(含粗差)

		经典最小二乘法			稳健最小二乘法		
		参数值	参数精度	是否显著	参数值	参数精度	是否显著
拟合参数	a_0	11.0680	0.0346	是	11.0455	0.0169	是
	a_1	−0.5049	0.1074	是	−0.4275	0.0528	是
	a_2	3.0564	0.2171	是	3.0281	0.1016	是
	a_3	2.1774	1.0032	是	3.0212	0.5025	是
	a_4	−1.2854	3.0076	否	−1.8910	1.4105	是
	a_5	3.8391	2.4468	是	3.9446	1.1428	是
单位权中误差 $\hat{\sigma}_0$		0.045			0.021		

由表 6-8 可知,在含粗差的情况下,用经典最小二乘法和稳健最小二乘法求解曲面拟合参数差别较大,在用经典最小二乘法时,回归参数 a_4 是不显著的,而用稳健最小二乘法时,回归参数 a_4 是显著的。而且两种方法的单位权

中误差 $\hat{\sigma}_0$ 差别也较大，用稳健最小二乘法求解拟合参数的总体精度要高得多。这说明在含粗差的情况下，用两种方法所建立的回归方程是不一致的。

因为回归分析的最终目的是为了预测和预报，为决策服务，因此正确的回归方程的建立就尤为重要。而在实际过程中，用于回归分析的数据通常都是一些时序数据。在数据预处理中不可能将其中的粗差剔除干净，这些残余粗差的存在将对回归参数的求解产生破坏性的影响。毫无疑问，错误的回归参数将导致错误的预测和预报，因此，在回归分析中顾及粗差的影响，引入稳健估计的方法是完全必要的。

可能实际观测中因变量的某些峰值并不是粗差，而正好体现的是相关变量之间的某种不具有普遍代表意义的特殊规律，考虑到回归分析的目的是找出相关变量之间的普遍规律，因而我们也要将这种峰值用稳健估计的方法进行处理。

大范围 GPS 的高程拟合中，用 GPS 和几何水准得到为数众多的高程异常值，一般不可能避免粗差的出现，采用稳健回归分析法求其拟合面一般比经典最小二乘回归更为有效。

6.7 稳健估计在 GPS 网平差中的应用

对于 GPS 网的基线处理，目前一般有两种处理模式：一种是采用网解模式，如采用 GAMIT 精密解算软件进行同步观测网解算；另外一种是单基线处理模式，如采用 GPS 随机软件进行基线处理。

在网解模式下，不仅同步网内基线的各分量之间存在相关性，而且基线与基线之间也存在相关性。如由 3 台 GPS 接收机组成同步观测网，见图 6-3。

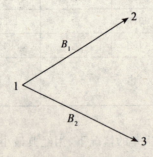

图 6-3 3 台 GPS 接收机组成的同步观测网

第 6 章 平差模型的稳健估计

设独立基线向量为 $B_1 = [\Delta X_{21} \quad \Delta Y_{21} \quad \Delta Z_{21}]^T$, $B_2 = [\Delta X_{31} \quad \Delta Y_{31} \quad \Delta Z_{31}]^T$，采用 GAMIT 精密解算软件时，基线解的全协方差阵为：

$$Q = \begin{bmatrix} Q_{\Delta X_{21}\Delta X_{21}} & & & & & \\ Q_{\Delta X_{21}\Delta Y_{21}} & Q_{\Delta Y_{21}\Delta Y_{21}} & & \text{对} & & \\ Q_{\Delta X_{21}\Delta Z_{21}} & Q_{\Delta Y_{21}\Delta Z_{21}} & Q_{\Delta Z_{21}\Delta Z_{21}} & & \text{称} & \\ Q_{\Delta X_{21}\Delta X_{31}} & Q_{\Delta Y_{21}\Delta X_{31}} & Q_{\Delta Z_{21}\Delta X_{31}} & Q_{\Delta X_{31}\Delta X_{31}} & & \\ Q_{\Delta X_{21}\Delta Y_{31}} & Q_{\Delta Y_{21}\Delta Y_{31}} & Q_{\Delta Z_{21}\Delta Y_{31}} & Q_{\Delta X_{31}\Delta Y_{31}} & Q_{\Delta Y_{31}\Delta Y_{31}} & \\ Q_{\Delta X_{21}\Delta Z_{31}} & Q_{\Delta Y_{21}\Delta Z_{31}} & Q_{\Delta Z_{21}\Delta Z_{31}} & Q_{\Delta X_{31}\Delta Z_{31}} & Q_{\Delta Y_{31}\Delta Z_{31}} & Q_{\Delta Z_{31}\Delta Z_{31}} \end{bmatrix}$$

使用 GPS 商用软件解算时，基线的各分量之间是相关的，而基线与基线之间的相关性不考虑。此时基线解的全协方差阵为：

$$Q = \begin{bmatrix} Q_{\Delta X_{21}\Delta X_{21}} & & & & & \\ Q_{\Delta X_{21}\Delta Y_{21}} & Q_{\Delta Y_{21}\Delta Y_{21}} & & \text{对} & & \\ Q_{\Delta X_{21}\Delta Z_{21}} & Q_{\Delta Y_{21}\Delta Z_{21}} & Q_{\Delta Z_{21}\Delta Z_{21}} & & \text{称} & \\ 0 & 0 & 0 & Q_{\Delta X_{31}\Delta X_{31}} & & \\ 0 & 0 & 0 & Q_{\Delta X_{31}\Delta Y_{31}} & Q_{\Delta Y_{31}\Delta Y_{31}} & \\ 0 & 0 & 0 & Q_{\Delta X_{31}\Delta Z_{31}} & Q_{\Delta Y_{31}\Delta Z_{31}} & Q_{\Delta Z_{31}\Delta Z_{31}} \end{bmatrix}$$

而常规测量中，观测量的协方差阵多为对角线矩阵。观测量之间的这种相关性，使得粗差观测对其他观测量的影响作用增大，而且其隐蔽性也更强。GPS 网平差是以同步网的基线解（包括基线分量值及其全协方差阵）作为平差对象的，因此 GPS 网的粗差探测和处理时不能简单地当做独立观测量处理，必须考虑观测量之间的相关性。基于等价方差-协方差的相关稳健估计方法对于 GPS 网平差而言具有尤为重要的意义。

一个在已知点上实测的 GPS 网如图 6-4，网中共有 7 个点。网中观测值是基线向量，分为 2 个同步子网。由于是在已知点上观测的，因而实际观测值的真误差是已知的。

此网已经过了多项粗差分析和检验，可以认为此网中不含粗差。为讨论问题的需要，现人为地加入 3 个粗差，考虑到实际情况中出现的都是一些小粗差，并为检验上文所用的粗差识别方法的有效性，这里所加的粗差都比较小，见表 6-9。

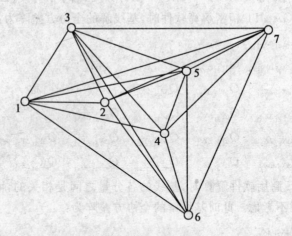

图 6-4 GPS 网图

表 6-9　　　　　　　　　　模拟粗差信息　　　　　　　　　　单位:m

序号	同步网	基线向量	基线分量	加入粗差量
1	osz001.235	1—3	ΔX	0.2
2	osz002.235	1—6	ΔY	0.2
3	osz001.235	1—7	ΔZ	0.2

由于所加粗差较小,这里不考虑因加粗差所造成的原始观测量方差-协方差的微小改变。对此网的数据处理,分别采用如下三种方案:

· 在加入粗差前,对此网进行经典最小二乘平差。

· 在加入粗差后,对此网进行经典最小二乘平差。

· 在加入粗差后,采用等价方差-协方差函数模型(6-5-10),并取 $k_0=2$,对此网应用基于等价方差-协方差的相关稳健估计方法进行平差。

平差时以 1 号点为固定点,其他的点当做未知点,分别采用三种方案进行三维平差,对三种方案所得到的观测值残差和坐标真误差进行比较。

(1) 观测值残差比较。由于是在已知点上设站观测,故观测值的真误差已知。观测值残差与观测值真误差的接近与否是衡量平差结果质量的依据之一。表 6-10 列出了观测值加上粗差后经典最小二乘平差法残差和基于等价方差-协方差的相关稳健估计法残差。不难看出,相对于经典最小二乘平差

第6章 平差模型的稳健估计

法残差,基于等价方差-协方差的相关稳健估计法残差更能准确反映出粗差的位置和大小。表6-10计算了两种方法残差与中误差之差的平方和,结果表明基于等价方差-协方差的相关稳健估计法残差从整体上比经典最小二乘平差法残差更接近真误差。

表6-10 经典最小二乘平差法残差和基于等价方差２协方差的相关稳健估计法残差比较 单位:m

同步网号	向量序号	向量端点		真误差(含粗差)			经典最小二乘平差法残差			基于等价方差-协方差的相关稳健估计法残差		
		起点	终点	Δ_X	Δ_Y	Δ_Z	V_X	V_Y	V_Z	V'_X	V'_Y	V'_Z
1	1	1	2	0.0852	−0.0611	−0.0428	0.0807	−0.0380	−0.0162	0.0814	−0.0415	−0.0198
	2	1	3	−0.1474	−0.0420	−0.0127	−0.1163	0.0232	0.0025	−0.1335	−0.0050	−0.0155
	3	1	4	−0.0507	0.0065	−0.0073	0.0057	−0.0203	−0.0099	0.0097	−0.0241	−0.0139
	4	1	5	−0.0052	−0.0394	−0.0172	0.0347	−0.0206	−0.0102	0.0372	−0.0176	−0.0118
	5	1	6	−0.0206	−0.0492	−0.0609	0.0375	0.0208	−0.0148	0.0368	−0.0152	−0.0111
	6	1	7	−0.0140	−0.0730	−0.2520	0.0511	−0.0094	−0.1498	0.0554	−0.0118	−0.2048
2	7	1	2	−0.0067	−0.0090	−0.0182	−0.0112	0.0141	0.0084	−0.0105	0.0106	0.0048
	8	1	3	−0.0208	−0.0498	0.0048	0.0103	0.0154	0.0200	−0.0069	−0.0128	0.0020
	9	1	4	−0.0551	0.1017	0.0399	0.0013	0.0749	0.0373	0.0053	0.0711	0.0333
	10	1	5	−0.0430	−0.0039	0.0064	−0.0031	0.0149	0.0134	−0.0006	0.0179	0.0118
	11	1	6	−0.0582	−0.2274	−0.0397	−0.0001	−0.1574	0.0064	−0.0008	−0.1934	0.0101
	12	1	7	−0.0731	−0.0552	−0.0443	−0.0080	0.0084	0.0579	−0.0037	0.0060	0.0029
残差与真误差之差的平方和				$\sum_{i=1}^{36}(\Delta_i - V_i)^2 = 0.0835$						$\sum_{i=1}^{36}(\Delta_i - V'_i)^2 = 0.0543$		

(2)坐标真误差比较。表6-11给出了各种平差方法坐标平差值的真误差。由表6-11知,对含粗差的观测值,基于等价方差-协方差的相关稳健估计法的坐标平差值比经典最小二乘平差法的坐标平差值更接近坐标的真值,基于等价方差-协方差的相关稳健估计法具有明显的抗差能力。另外可知,基于等价方差-协方差的相关稳健估计法的坐标平差值真误差的平方和小于经典

最小二乘平差法的坐标平差值真误差的平方和。这说明基于等价方差-协方差的相关稳健估计法的坐标平差值从整体上比经典最小二乘平差法的坐标平差值更接近真值。

表 6-11　　　　　各种坐标平差值的真误差比较　　　　　单位:m

点号	加粗差前经典最小二乘平差法			加粗差后经典最小二乘平差法			加粗差后基于等价方差-协方差的相关稳健估计法		
	Δ_X	Δ_Y	Δ_Z	Δ_X	Δ_Y	Δ_Z	Δ_X	Δ_Y	Δ_Z
2	0.0028	−0.0200	−0.0234	0.0043	−0.0234	−0.0268	0.0036	−0.0199	−0.0232
3	−0.0114	−0.0282	0.0041	−0.0313	−0.0655	−0.0154	−0.0141	−0.0373	0.0026
4	−0.0618	0.0293	0.0060	−0.0566	0.0265	0.0024	−0.0606	0.0303	0.0064
5	−0.0439	−0.0227	−0.0060	−0.0401	−0.0191	−0.0072	−0.0426	−0.0221	−0.0056
6	−0.0575	−0.0368	−0.0503	−0.0583	−0.0703	−0.0463	−0.0576	−0.0343	−0.0500
7	−0.0692	−0.0567	−0.0442	−0.0653	−0.0639	−0.1024	−0.0696	−0.0615	−0.0474
真误差平方和	0.0262			0.0420			0.0274		

通过算例,对所建立的等价方差-协方差模型进行检核。通过多次平差计算,可以认为:

(1) 利用等价方差-协方差函数模型设计来处理粗差是一种行之有效的方法。

(2) 若观测量中不含粗差,利用此模型求得的参数估值和利用经典最小二乘平差求得的参数估值一致,因而是无偏的、最优的。

(3) 若观测量中含有粗差,此模型的参数估值受粗差的影响较小。

(4) 此模型能自动地对相关观测量的粗差和已知数据的粗差进行处理,它对粗差的处理是有效的,对独立观测量的粗差,本模型也同样适用,且处理结果与等价权模型的处理结果一致。

第7章 几种特殊问题的估计方法

7.1 附加系统参数估计

在测量工作中,不可避免含有系统误差,对于含有系统误差的观测值,采用附加参数的方法,通过平差来消除系统误差的影响。附加系统参数方法在航空摄影测量学中称为自检校平差,这种平差的基本思想是,在仅含偶然误差函数模型的基础上,根据系统误差的类型,加入一些系统参数,来补偿系统误差对平差结果的影响。

7.1.1 附加系统参数模型及平差原理

对经典平差函数模型 $L=B\tilde{X}+\Delta$ 加以扩展,认为模型的误差项中,不仅含有偶然误差 Δ,而且还含有系统误差的影响项 $A\tilde{S}$,$\tilde{S}$ 为附加系统参数向量,视为非随机参数,A 为其系数阵。则函数模型和随机模型为

$$\underset{n,1}{L} = \underset{t,1}{B\tilde{X}} + \underset{u,1}{A\tilde{S}} + \Delta \tag{7-1-1}$$

$$D = \sigma_0^2 Q = \sigma_0^2 P^{-1} \tag{7-1-2}$$

式中:$n>(t+u)$ 及 $R(B)=t, R(A)=u$。

以平差值表示的函数模型为

$$L+V = B\hat{X} + A\hat{S} \tag{7-1-3}$$

令 $\hat{X}=X^0+\hat{x}, l=l-BX^0$,则误差方程为

$$V = B\hat{x} + A\hat{S} - l \tag{7-1-4}$$

法方程为

$$\begin{bmatrix} B^\mathrm{T}PB & B^\mathrm{T}PA \\ A^\mathrm{T}PB & A^\mathrm{T}PA \end{bmatrix} \begin{bmatrix} \hat{x} \\ \hat{S} \end{bmatrix} = \begin{bmatrix} B^\mathrm{T}Pl \\ A^\mathrm{T}Pl \end{bmatrix} \tag{7-1-5}$$

设

$$N_{11} = B^T PB, N_{12} = B^T PA, N_{22} = B^T PB$$

若不考虑系统误差，即 $\hat{S}=0$，此时解出的参数，设为 $\hat{X}_1 = X^0 + \hat{x}_1$，则有

$$\hat{x} = N_{11}^{-1} D^T Pl \tag{7-1-6}$$

$$Q_{\hat{x}_1} = N_{11}^{-1} \tag{7-1-7}$$

考虑系统误差，解式(7-1-5)，得

$$\hat{S} = M^{-1}(A^T Pl - N_{21} N_{11}^{-1} B^T Pl) \tag{7-1-8}$$

$$Q_{\hat{S}} = M^{-1} = (N_{22} - N_{21} N_{11}^{-1} N_{12})^{-1}$$

$$\hat{X} = \hat{X}_1 + \Delta X_1 \tag{7-1-9}$$

$$\Delta X_1 = -N_{11}^{-1} N_{12} \hat{S}$$

$$\Delta Q_{\hat{X}_1} = Q_{\hat{X}_1} N_{12} Q_{\hat{S}} N_{21} Q_{\hat{X}_1}$$

$$Q_{\hat{X}_1} = Q_{\hat{X}_1} + \Delta Q_{\hat{X}_1} \tag{7-1-10}$$

例 7.1 在精密水准测量中(见图 7-1)，考虑到采用的标尺每米真长改正对观测高差的影响 δu，对观测高差加入尺度改正，即在模型中引入系统参数，则可列出观测方程按附加系统参数平差，求出高程平差值及系统误差的影响 $\delta \hat{u}$。

$$h_1 + h_1 \delta \hat{u} + v_1 = \hat{X}_1 - H_A$$

$$h_2 + h_2 \delta \hat{u} + v_2 = -\hat{X}_1 + \hat{X}_2$$

$$h_3 + h_3 \delta \hat{u} + v_3 = -\hat{X}_2 + H_A$$

$$h_4 + h_4 \delta \hat{u} + v_4 = -\hat{X}_1 + H_B$$

$$h_5 + h_5 \delta \hat{u} + v_5 = \hat{X}_2 - H_B$$

若已知点 A、B 为 $H_A=1.000\text{m}$，$H_B=10.000\text{m}$，观测高差 $h_1=3.586\text{m}$，$h_2=0.529\text{m}$，$h_3=-4.110\text{m}$，$h_4=5.422\text{m}$，$h_5=-4.901\text{m}$，待定点 X_1、X_2 的近似高程为 $X_1^0=4.586\text{m}$，$X_2^0=5.110\text{m}$，则

$$V_{5,1} = \begin{bmatrix} 1 & 0 \\ -1 & 1 \\ 0 & -1 \\ -1 & 0 \\ 0 & 1 \end{bmatrix} \begin{bmatrix} \hat{x}_1 \\ \hat{x}_2 \end{bmatrix} + \begin{bmatrix} -3.581 \\ -0.529 \\ 4.110 \\ -5.422 \\ 4.901 \end{bmatrix} \delta \hat{u} - \begin{bmatrix} 0 \\ 5 \\ 0 \\ 8 \\ -11 \end{bmatrix} \text{(mm)}$$

$$N_{11} = B^T B = \begin{bmatrix} 3 & -1 \\ -1 & 3 \end{bmatrix},$$

第 7 章 几种特殊问题的估计方法

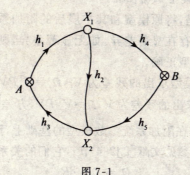

图 7-1

$$N_{12} = B^T A = \begin{bmatrix} 2.365 \\ 0.262 \end{bmatrix}, N_{22} = A^T A = 83.449$$

$$B^T l = \begin{bmatrix} -13 \\ -6 \end{bmatrix}, A^T l = -99.932$$

$$\hat{x}_1 = N_{11} B^T l = \begin{bmatrix} -5.625 \\ -3.875 \end{bmatrix} \text{mm}, \hat{X}_1 = X^0 + \hat{x}_1 = \begin{bmatrix} 4.580 \\ 5.106 \end{bmatrix} (\text{m}),$$

$$Q_{\hat{x}_1} = N_{11}^{-1} = \frac{1}{8} \begin{bmatrix} 3 & 1 \\ 1 & 3 \end{bmatrix}$$

$$M = N_{22} - N_{21} N_{11}^{-1} N_{12} = 81.171$$

$$\delta \hat{u} = M^{-1}(A^T Pl - N_{21} \hat{x}_1) = -1.0574$$

$$\hat{X} = \hat{X}_1 - N_{11}^{-1} N_{12} \delta \hat{u}$$

$$\hat{x} = \hat{x}_1 - N_{11}^{-1} N_{12} \delta \hat{u} = \begin{bmatrix} -4.655 \\ -3.459 \end{bmatrix} (\text{mm}) \quad \hat{X} = \begin{bmatrix} 4.581 \\ 5.107 \end{bmatrix} (\text{m})$$

$$\hat{\sigma}_0 = \sqrt{\frac{V^T V}{n - (t + u)}} = 3.42 \text{mm}$$

7.1.2 附加系统参数的选择

由于附加系统参数改变了原有模型,这就产生了是否应该引入附加系统参数的问题。如果应该引入但不加以选择,这可能产生引入的参数过多,附加参数之间相关或附加参数和原参数之间相关而造成法方程病态。为避免这些问题,应对附加系统参数模型和系统参数的正确性进行检验。

1. 附加系统参数模型正确性检验

这种检验的方法是,将原模型和其扩展后的附加系统参数模型的方差估值进行比较,检验是否存在显著差异,如无显著差异,则认为引入附加系统参数模型没有必要,原模型正确。

设附加系统参数模型求出的残差为 V_s,$\Omega_s = V_s^T P V_s$,方差估值为 $\hat{\sigma}_s^2$,多余观测数为 r_s。原模型求出的残差为 V,$\Omega = V^T P V$,方差估值为 $\hat{\sigma}^2$,多余观测数为 r。可认为原模型是在附加系统参数模型的基础上,附加了条件 $\hat{S} = 0$。

采用线性假设法(参见文献[2]2-4 节),它们的关系可写成

$$\Omega = \Omega_s + R \tag{7-1-11}$$

式中:R 是考虑原假设条件后对 Ω_s 的影响项,R 与 Ω_s 随机独立,$R = |\Omega - \Omega_s|$,其自由度为 $r - r_s$。

令

$$\hat{\sigma}_R^2 = \frac{R}{r - r_s} \tag{7-1-12}$$

则可设原假设为

$$H_0 : E(\hat{\sigma}_s^2) = E(\hat{\sigma}_R^2)$$

备选假设为

$$H_1 : E(\hat{\sigma}_s^2) > E(\hat{\sigma}_R^2)$$

将式(7-1-11)两边同除以 σ^2,得

$$\frac{\Omega}{\sigma^2} = \frac{\Omega_s}{\sigma^2} + \frac{R}{\sigma^2} \tag{7-1-13}$$

则

$$\frac{\Omega_s}{\sigma^2} = \frac{r_s \hat{\sigma}_s^2}{\sigma^2} \sim \chi^2(r_s) \tag{7-1-14}$$

在原假设成立条件下,统计量

$$\frac{R}{\sigma^2} = \frac{(r - r_s) \hat{\sigma}_R^2}{\sigma^2} \sim \chi^2(r - r_s) \tag{7-1-15}$$

由式(7-1-14)、式(7-1-15)可构成 F 分布统计量,即

$$F = \frac{\hat{\sigma}_R^2}{\hat{\sigma}_s^2} \sim F(r - r_s, r_s) \tag{7-1-16}$$

采用右尾检验,接受域为

$$P\left\{\frac{\hat{\sigma}_R^2}{\hat{\sigma}_s^2} < F_\alpha(r - r_s, r_s)\right\} = 1 - \alpha \tag{7-1-17}$$

如果拒绝原假设,则认为应该引入附加系统参数;如果原假设成立,则认

第 7 章 几种特殊问题的估计方法

为不应采用附加系统参数模型,这时还应考查引入的附加系统参数。

2. 附加系统参数显著性检验

原假设为

$$H_0 : E(\hat{s}_i) = 0$$

备选假设为

$$H_1 : E(\hat{s}_i) \neq 0$$

根据 t 分布定义,由式(5-3-15)构造 t 分布统计量

$$t = \frac{\hat{s}_i}{\hat{\sigma}_0 \sqrt{Q_{\hat{s}_i \hat{s}_i}}} \sim t(r) \tag{7-1-18}$$

接受域

$$P\left\{-t_{\frac{\alpha}{2}} < \frac{\hat{s}_i}{\hat{\sigma}_0 \sqrt{Q_{\hat{s}_i \hat{s}_i}}} < t_{\frac{\alpha}{2}}\right\} = 1 - \alpha \tag{7-1-19}$$

如果拒绝原假设,则认为附加系统参数显著。

例 7.2 对例 7.1 中引入参数的必要性进行检验。

$$H_0 : E(\hat{\sigma}_s^2) = E(\hat{\sigma}_R^2)$$

未附加系统参数时,算得

$$V = \begin{bmatrix} -5.62 & -3.25 & 3.88 & -2.38 & 7.12 \end{bmatrix}^T (\text{mm})$$

$$\Omega = V^T V = 96.375, \hat{\sigma}^2 = 32.125$$

附加了系统参数后,算得

$$V_s = \begin{bmatrix} -0.87 & -3.25 & -0.88 & 2.37 & 2.37 \end{bmatrix}^T (\text{mm})$$

$$\Omega_s = V_s^T V_s = 23.326, \quad \hat{\sigma}_s^2 = 11.663$$

由式(7-1-12)得

$$\hat{\sigma}_R^2 = \frac{\Omega - \Omega_s}{r - r_s} = \frac{73.049}{3 - 2} = 73.049$$

由式(7-1-5)得 $\hat{X}, \delta \hat{u}$ 的协因数阵如下:

$$Q\begin{bmatrix} \hat{X} \\ \delta \hat{u} \end{bmatrix} = \begin{bmatrix} 0.3854 & 0.1295 & -0.0113 \\ 0.1295 & 0.3769 & -0.0048 \\ -0.0113 & -0.0048 & 0.0123 \end{bmatrix}$$

由式(7-1-16)得

$$F = \frac{\hat{\sigma}_R^2}{\hat{\sigma}_s^2} = \frac{73.049}{11.663} = 6.263$$

选定显著水平 $\alpha = 0.05$,以自由度 1、3 查 F 分布表,得

$$F_{0.05} = 10.13$$

因为 $F<F_\alpha$，故接受原假设，认为附加系统参数模型与原模型没有显著差别，没有必要引入系统参数。

因为本例只附加了一个系统参数，因此也可以用 t 检验。设原假设为
$$H_0:E(\delta\hat{u})=0$$

由式(7-1-18)得
$$t=\frac{|\delta\hat{u}|}{\hat{\sigma}_s\sqrt{Q_{\delta\hat{u}\delta\hat{u}}}}=\frac{1.055}{3.415\sqrt{0.0123}}=2.785$$

选定显著水平 $\alpha=0.05$，以自由度 2 查 t 分布表，得
$$t_{0.025}=4.31$$

因为 $|t|<t_{\frac{\alpha}{2}}$，故接受原假设，认为附加系统参数不显著。

7.2 随机模型的验后估计

7.2.1 概述

测量平差中常用的数学模型是 Gauss-Markov 模型。

函数模型：$\qquad\qquad\underset{n,l}{L}=\underset{n,t}{B}\underset{t,l}{X}+\underset{n,l}{\Delta}$ \qquad\qquad(7-2-1)

随机模型：$\qquad\qquad E(\Delta)=0$ \qquad\qquad(7-2-2)

$$D(\Delta)=\sigma_0^2 Q=\sigma_0^2 P^{-1} \qquad\qquad(7\text{-}2\text{-}3)$$

对于经典平差，人们一直致力于函数模型的研究，主要是研究如何估计函数模型中的参数 X，而对平差的随机模型，特别是对观测向量的权阵 P 则很少进行研究。过去一个时期，平差的主要对象是同类观测量，而且精度要求不高，通常假定权阵 P 在平差前已知且具有简单的结构，即认为 P 是对角阵或者更简单的单位阵。权阵的定义式为

$$P=\sigma_0^2 D^{-1} \qquad\qquad(7\text{-}2\text{-}4)$$

当权为对角阵时，有

$$P_i=\frac{\sigma_0^2}{\sigma_i^2} \qquad\qquad(7\text{-}2\text{-}5)$$

σ_i^2 是观测值 L_i 的方差。若认为观测值为同精度观测，权阵即为单位阵。

近代平差的对象从过去的单一同类观测值扩展为同类不同精度，或不同类多种观测量。例如，不同等级的三角网联合平差、边角网、导线网联合平差、水准网与重力网联合平差、地面网与卫星网联合平差、三维大地网平差、整体大地测量数据以及大地测量和航测数据联合平差等。在联合平差中，有不同

几何性质的观测量,甚至有不同物理性质的观测量。若按不同方案确定观测值的权,平差结果会有差异。这就要求我们研究如何准确地确定不同类观测量之间的权比,以便提高平差结果的可靠性。

由式(7-2-4)和式(7-2-5)知,确定权实质上是确定方差,所以也称为方差分量估计。通常在平差前,σ_i^2 不能精确求出,因此式(7-2-5)确定的权就不能如实地反映观测值的精度,即不能反映各类观测量之间的权比,造成不同类观测量之间的权比失调,从而影响平差结果。为了准确地给出各类观测量之间的权比,近代平差提出了验后估计权的问题,称为随机模型的验后估计,其目的是检验不同类观测值权的确定是否恰当和合理。根据方差和协方差重新定权改善平差第一次给出的权,也称为方差-协方差分量的验后估计。

早在 1924 年,Helment 就提出了一种验后估计方差的方法,Welsch 完成了该法的推证[27],H. Ebner 等进一步扩展和简化了 Helment 方差分量公式;Rao 在 1970 年提出了最小范数二次无偏估计法(MINQUE);Koch 于 1980 年提出了最优不变二次无偏估计(BIQUE);王新洲于 1994 年提出了稳健二次估计方法[28]。在测绘界常采用 Helment 法,故本节仅介绍 Helmert 方差分量估计方法及其简化公式。

7.2.2 Helment 方差分量估计严密公式

若各类观测量之间相互独立,即观测量的方差阵是拟对角型矩阵,则称为方差分量估计。Helment 方差分量估计法也称为方差的最小二乘估计法。

函数模型式(7-2-1)的误差方程为

$$V = B\hat{x} - l \tag{7-2-6}$$

对应的法方程为:

$$N\hat{x} = W \tag{7-2-7}$$

式中:

$$N = B^{\mathrm{T}} P B \tag{7-2-8}$$

$$W = B^{\mathrm{T}} P l \tag{7-2-9}$$

现设在观测值 L 中包含两类观测值 L_{n_1, l_1} 和 L_{n_2, l_2},它们的权阵分别为 P_{n_1, n_1} 和 P_{n_2, n_2},易知,$P_{12}=0$,它们的误差方程分别为

$$V_1 = B_1 \hat{x} - l_1 \tag{7-2-10}$$

$$V_2 = B_2 \hat{x} - l_2 \tag{7-2-11}$$

且具有下列关系式:

$$L = \begin{bmatrix} L_1 \\ L_2 \end{bmatrix}, \quad V = \begin{bmatrix} V_1 \\ V_2 \end{bmatrix}, \quad B = \begin{bmatrix} B_1 \\ B_2 \end{bmatrix}, \quad P = \begin{bmatrix} P_1 & \\ & P_2 \end{bmatrix} \quad (7\text{-}2\text{-}12)$$

$$N = B^T P B = B_1^T P B_1 + B_2^T P B_2 = N_1 + N_2 \quad (7\text{-}2\text{-}13)$$

$$W = B^T P l = B_1^T P l_1 + B_2^T P l_2 = W_1 + W_2 \quad (7\text{-}2\text{-}14)$$

一般来说，第一次平差给定的两类观测值的权是不恰当的，也可以说每类或每种精度观测值的单位权方差不相等，令其分别为 σ_{01}^2 和 σ_{02}^2，则有

$$D(L_1) = \sigma_{01}^2 P_1^{-1} \quad (7\text{-}2\text{-}15)$$

$$D(L_2) = \sigma_{02}^2 P_2^{-1} \quad (7\text{-}2\text{-}16)$$

方差分量估计的目的是利用各次平差后各类观测值中该正数的平方和（即 $V_1^T P_1 V_1$ 和 $V_2^T P_2 V_2$）来估计 σ_{01}^2 和 σ_{02}^2。为此，建立残差平方和与 σ_{01}^2 和 σ_{02}^2 的关系式。

对于数学期望为 η，方差阵为 Σ 的随机向量 Y，其二次型 $Y^T B Y$（B 为任意对称可逆阵）的数学期望为

$$E(Y^T B Y) = \text{tr}(B\Sigma) + \eta^T B \eta \quad (7\text{-}2\text{-}17)$$

由于
$$E(V_1) = 0 \quad (7\text{-}2\text{-}18)$$

所以
$$E(V_1^T P_1 V_1) = \text{tr}(P_1 D(V_1)) \quad (7\text{-}2\text{-}19)$$

由式(7-2-10)可知

$$V_1 = B_1 \hat{x} - l_1 = B_1 N^{-1} W - l_1 = B_1 N^{-1}(W_1 + W_2) - l_1$$
$$= (B_1 N^{-1} B_1^T P_1 - E) l_1 + B_1 N^{-1} B_2^T P_2 l_2 \quad (7\text{-}2\text{-}20)$$

故 V_1 的方差为

$$D(V_1) = (B_1 N^{-1} B_1^T P_1 - E) D(l_1)(B_1 N^{-1} B_1^T P_1 - E)^T$$
$$+ B_1 N^{-1} B_2^T P_2 D(l_2) P_2 B_2 N^{-1} B_1^T \quad (7\text{-}2\text{-}21)$$

将上式展开，并顾及 $D(l_1) = \sigma_{01}^2 P_1^{-1}$ 和 $D(l_2) = \sigma_{02}^2 P_2^{-1}$，则上式为

$$D(V_1) = \sigma_{01}^2 (B_1 N^{-1} N_1 N^{-1} B_1^T - 2 B_1 N^{-1} B_1^T + P_1^{-1})$$
$$+ \sigma_{02}^2 B_1 N^{-1} N_2 N^{-1} B_1^T \quad (7\text{-}2\text{-}22)$$

将上式代入式(7-2-19)，得

$$E(V_1^T P_1 V_1) = \text{tr}(P_1 D(V_1))$$
$$= \sigma_{01}^2 \text{tr}(P_1 P_1^{-1} - 2 P_1 B_1 N^{-1} B_1^T + P_1 B_1 N^{-1} N_1 N^{-1} B_1^T)$$
$$+ \sigma_{02}^2 \text{tr}(P_1 B_1 N^{-1} N_2 N^{-1} B_1^T)$$
$$= \sigma_{01}^2 \text{tr}(E - 2 N^{-1} B_1^T P_1 B_1 + N^{-1} N_1 N^{-1} B_1^T P_1 B_1)$$
$$+ \sigma_{02}^2 \text{tr}(N^{-1} N_2 N^{-1} B_1^T P_1 B_1)$$

$$= \{n_1 - 2\text{tr}(N^{-1}N_1) + \text{tr}(N^{-1}N_1N^{-1}N_1)\}\sigma_{01}^2 \\ + \text{tr}(N^{-1}N_1N^{-1}N_2)\sigma_{02}^2 \quad (7\text{-}2\text{-}23)$$

同理可得

$$E(V_2^T P_2 V_2) = + \text{tr}(N^{-1}N_1N^{-1}N_2)\sigma_{01}^2$$

$$\{n_2 - 2\text{tr}(N^{-1}N_2) + \text{tr}(N^{-1}N_2)^2\}\sigma_{02}^2 \quad (7\text{-}2\text{-}24)$$

将式(7-2-23)和式(7-2-24)数学期望的括号去掉,代以平差得到的计算值 $V_1^T P_1 V_1$ 和 $V_2^T P_2 V_2$,则可求出 σ_{01}^2 和 σ_{02}^2 的估计值 $\hat{\sigma}_{01}^2$ 和 $\hat{\sigma}_{02}^2$。将上两式写成矩阵形式,有

$$\underset{2,2}{S}\underset{2,1}{\hat{\theta}} = \underset{2,1}{W_\theta} \quad (7\text{-}2\text{-}25)$$

式中:

$$S = \begin{bmatrix} n_1 - 2\text{tr}(N^{-1}N_1) + \text{tr}(N^{-1}N_2)^2 & \text{tr}(N^{-1}N_1N^{-1}N_2) \\ \text{tr}(N^{-1}N_1N^{-1}N_2) & n_2 - 2\text{tr}(N^{-1}N_2) + \text{tr}(N^{-1}N_2)^2 \end{bmatrix}$$

$$(7\text{-}2\text{-}26)$$

$$\hat{\theta} = [\hat{\sigma}_{01}^2 \quad \hat{\sigma}_{02}^2]^T, W_\theta = [V_1^T P_1 V_1 \quad V_2^T P_2 V_2]^T \quad (7\text{-}2\text{-}27)$$

式(7-2-25)和式(7-2-26)即为两类观测值的 Helmert 估算公式。一般来说,有唯一解,即

$$\underset{2,1}{\hat{\theta}} = \underset{2,2}{S^{-1}}\underset{2,1}{W_\theta} \quad (7\text{-}2\text{-}28)$$

7.2.3 方差分量估计的迭代计算步骤

(1)将观测值按等级或不同观测来源分类,并进行验前权估计,即确定各类观测值的权的初值 $P_1, P_2, \cdots, P_m$。

(2)进行第一次平差,求得 $V_i^T P_i V_i$。

(3)按式(7-2-28)进行第一次方差分量估计,求得各类观测值单位权方差的第一次估计 $\hat{\sigma}_{0i}^2$,再依下式定权

$$P = \frac{c}{\hat{\sigma}_{0i}^1 P_i^{-1}} \quad (7\text{-}2\text{-}29)$$

式中:c 为任意常数,一般选 $\hat{\sigma}_{0i}^2$ 中的某一个值。

(4)反复进行第二步和第三步,即平差—方差分量估计—定权后再平差,直到 $\hat{\sigma}_{01}^2$ 与 $\hat{\sigma}_{02}^2$ 之差小于某一给定的限值为止。

7.2.4 Helment 估计的三个简化公式

1. 近似公式一

在严密公式(7-2-25)中,略去求迹部分,则有
$$V_i^T P_i V_i = n_i \hat{\sigma}_{0i}^2$$
即各类观测值的单位权方差的估计为
$$\hat{\sigma}_{0i}^2 = \frac{V_i^T P_i V_i}{n_i} \quad (7-2-30)$$

2. 近似公式二

若假定 $\hat{\sigma}_{01}^2 = \hat{\sigma}_{02}^2$,式(7-2-23)、式(7-2-24)为
$$E(V_i^T P_i V_i) = \{n_i - 2\mathrm{tr}(N^{-1} N_i) + \mathrm{tr}(N^{-1} N_i N^{-1} \sum_{j=1}^{m} N_j)\} \sigma_{0i}^2$$
$$= \{n_i - 2\mathrm{tr}(N^{-1} N_i) + \mathrm{tr}(N^{-1} N_i N^{-1} N)\} \sigma_{0i}^2$$
$$= \{n_i - 2\mathrm{tr}(N^{-1} N_i)\} \sigma_{0i}^2 \quad (7-2-31)$$

由此得到简化公式
$$\sigma_{0i}^2 = \frac{V_i^T P_i V_i}{\{n_i - 2\mathrm{tr}(N^{-1} N_i)\}} \quad (7-2-32)$$

不难看出,上式中
$$n_i - 2\mathrm{tr}(N^{-1} N_i) = \mathrm{tr}(P Q_V)_i \quad (7-2-33)$$

因此,一般称所以 $n_i - 2\mathrm{tr}(N^{-1} N_i)$ 为第 i 类观测值 L_i 的多余观测分量

3. 近似公式三

一般情况下,在大型控制网平差中,法方程系数阵 N 的非对角线元相对较小,因此略去法方程系数阵 N 和它的子块矩阵 N_i 的非主对角线元,仍然利用严密公式进行方差估计也能得到较好的近似。

略去非主对角线元后的矩阵为
$$N = B^T P B = \mathrm{diag}[N_a \quad N_b \quad \cdots \quad N_t]$$
$$N_i = B_i^T P_i B_i = \mathrm{diag}[N_a \quad N_b \quad \cdots \quad N_t]$$

于是有
$$\mathrm{tr}(N^{-1} N_i) = \left[\frac{N_{k_i}}{N_k}\right] (k = a, b, \cdots, t) \quad (7-2-34)$$

$$\mathrm{tr}(N^{-1} N_i)^2 = \left[\frac{N_{k_i}^2}{N_k^2}\right] \quad (7-2-35)$$

$$\mathrm{tr}(N^{-1} N_i N^{-1} N_j)^2 = \left[\frac{N_{k_i} N_{k_j}}{N_k^2}\right] \quad (7-2-36)$$

7.3 岭估计和广义岭估计

7.3.1 概述

通常,对于一般的 Gauss-Markov 模型,参数的最小二乘估值具有无偏且方差最小的优良特性,因此,最小二乘估计一直是被广泛采用的重要估计方法。但是,在测量的实际工作中,由于客观条件的限制导致观测信息量不足、观测结构不合理,以及由于建模时设置参数过多导致参数之间存在着近似的线性关系,此时设计矩阵 B 的列向量之间近似线性相关,法方程系数矩阵 $N=B^{\mathrm{T}}B$ 接近奇异,称系数矩阵 N 接近奇异的法方程为病态方程。当法方程病态时,尽管最小二乘估值 $\hat{X}_{LS}$ 的方差在线性无偏估计类中最小,但其数值却非常大,即 $\hat{X}_{LS}$ 的精度比较差,其表现是法方程的解很不稳定,此时最小二乘估计不再是一种良好的估计。在此情况下用度量精确度的指标"均方误差"来表示,其定义见 1.1 节式(1-1-12)。

在式(1-1-15)中,是将 $L, E(L), \tilde{L}$ 分别 $\hat{X}, E(\hat{X}), \tilde{X}$ 用代替,并令

$$R_1 = \mathrm{tr}(D(\hat{X})) = \sum_{i=1}^{t} D(\hat{X}_i) \tag{7-3-1}$$

$$R_2 = \parallel E(\hat{X}) - \tilde{X} \parallel = \sum_{i=1}^{t}(E(\hat{X}_i) - \tilde{X}_i)^2 \tag{7-3-2}$$

如果对参数 $\hat{X} = [\hat{X}_1 \quad \hat{X}_2 \quad \cdots \quad \hat{X}_t]^{\mathrm{T}}$ 进行估计,一个好的估计,均方误差 $\mathrm{MSE}(\hat{X})$ 要小,即 $\mathrm{tr}(D(\hat{X}))$ 和 $\parallel E(\hat{X}) - \tilde{X} \parallel^2$ 都比较小。

对于 LS 估计,因为 $\hat{X}_{LS}$ 是 $\tilde{X}$ 的无偏估计,即

$$E(\hat{X}_{LS}) = \tilde{X} \tag{7-3-3}$$

所以在 $\mathrm{MSE}(\hat{X})$ 中,第二项 $R_2 = 0$,而已知

$$D(\hat{X}_{LS}) = \hat{\sigma}_0^2 N^{-1} \tag{7-3-4}$$

将式(7-3-3)、式(7-3-4)代入式(1-1-15)知

$$\mathrm{MSE}(\hat{X}_{LS}) = \hat{\sigma}_0^2 \mathrm{tr}(N^{-1}) \tag{7-3-5}$$

记 $\lambda_1 \geq \lambda_2 \geq \cdots \geq \lambda_t > 0$ 为 N 的特征根,因为 N 可逆,所以 N^{-1} 的特征根为 $\lambda_1^{-1}, \lambda_2^{-1}, \cdots, \lambda_t^{-1}$,故上式变为

$$\mathrm{MSE}(\hat{X}_{LS}) = \hat{\sigma}_0^2 \sum_{i=1}^{t} \frac{1}{\lambda_i} \tag{7-3-6}$$

由式(7-3-6)可以看出,当 N 接近奇异时,至少有一个特征根接近于零,导致 $\mathrm{MSE}(\hat{X}_{LS})$ 很大。此时,LS 估值 $\hat{X}_{LS}$ 不再是一个良好估值。

若矩阵 N 至少有一个特征根非常接近于零,则矩阵 N 呈病态,即 N 接近奇异,此时 LS 估计的性质将变坏。当 N 接近奇异时,N 的列向量之间存在近似的线性关系。

记 $B=(B_1,B_2,\cdots,B_t)$,若 G 为对应于 $N=B^\mathrm{T}B$ 的特征根 λ 的标准正交化特征向量,且 $\lambda=0$,则

$$B^\mathrm{T}BG = \lambda G \approx 0 \tag{7-3-7}$$

将上式两端左乘 G^T,得

$$G^\mathrm{T}B^\mathrm{T}BG \approx 0 \tag{7-3-8}$$

从而有

$$BG \approx 0 \tag{7-3-9}$$

记 $G^\mathrm{T}=(g_1,g_2,\cdots,g_t)$,于是

$$BG = g_1 B_1 + g_2 B_2 + \cdots + g_t B_t \approx 0 \tag{7-3-10}$$

上式表明,B 的列向量之间有近似线性关系,在回归分析中称式(7-3-10)为复共线关系。相应地,称系数阵 B 存在复共线关系。式(7-3-9)或式(7-3-10)为矩阵复共线关系的解析表示。可见,导致 LS 估计量性质变坏的原因是复共线关系。

为了在法方程病态时改进最小二乘估计,许多学者提出了一系列新的估计。其中很重要的一类估计就是有偏估计(Biased Estimation)。有偏估计的基本思想是以偏差 R_2 的适当增加(无偏变有偏)来换取 R_1 的更大衰减,从而使 $\mathrm{MSE}(\hat{X})=R_1+R_2$ 变得最小。因此,有偏估计有可能在均方误差最小下优于 LS 估计。在众多的有偏估计中,影响较大的是岭估计、广义岭估计、主成分估计和 Stein 压缩估计等(王松桂,1987)[29]。

有偏估计的实际应用依赖于复共线关系的诊断与度量,目前较常用的诊断方法有条件数法、特征分析法和方差膨胀因子法。下面简单地介绍一下最常用的条件数法。

方阵 N 的条件数定义为

$$p = \frac{\lambda_{\max}}{\lambda_{\min}} \tag{7-3-11}$$

式中:$\lambda_{\max}$,$\lambda_{\min}$ 为 N 的最大特征值和最小特征值。

直观上,条件数度量了 N 的特征值散布程度,可以用来判断复共线性是否存在以及复共线性的严重程度,进而诊断模型病态性。在应用经验中,若 $0 < p < 100$,则认为没有复共线性;若 $100 \leqslant p \leqslant 1000$,则认为存在中等程度或较强的复共线性;若 $p > 1000$,则认为存在严重的复共线性,模型病态。

7.3.2 岭估计

岭估计(Ridge Estimation)是 Hoerl 和 Kennard 于 1970 年提出来的,是目前最有影响、应用也最广的一种有偏估计。

1. 岭估计的定义

对于 Gauss-Markov 模型

$$L = BX + \Delta, \Delta \sim N(0, \sigma_0^2 I) \quad (7\text{-}3\text{-}12)$$

参数 X 的岭估计定义为

$$\hat{X}(k) = (N + kI)^{-1} B^T PL \quad (7\text{-}3\text{-}13)$$

式中:$k > 0$ 为任意常数,称为岭参数;$N = B^T PB$。

选择不同的 k,得到不同的岭估计,所以式(7-3-13)定义了一个很大的估计类。特别地,当 $k=0$ 时,就是一般的最小二乘估计。

由定义式(7-3-13)可知,岭估计是在最小二乘估计的法方程系数阵 N 的主对角线上加上一个常数 k 得到的。直观上看,当 N 接近奇异时,其特征根至少有一个非常接近于零,而 $N+kI$ 的特征根 $\lambda_1+k, \cdots, \lambda_t+k$ 接近于零的程度会得到改善,从而"打破"原来系数阵 B 的复共线关系,使得岭估计比最小二乘估计有较小的均方误差。从这个意义上来说,在一定程度上改进了最小二乘估计。

2. 岭估计的性质

为了便于讨论岭估计的性质,将式(7-3-12)改写为如下形式:

$$L = BX + \Delta = AY + \Delta \quad (7\text{-}3\text{-}14)$$

式中:
$$A = BG$$
$$Y = G^T X$$
$$G = (G_1, G_2, \cdots, G_t)$$

$G_i (i=1,2,\cdots,t)$ 为 $B^T B$ 对应于特征根 $\lambda_1, \lambda_2, \cdots, \lambda_t$ 的标准正交化特征向量,且满足

$$A^T A = (BG)^T (BG) = G^T B^T BG = \Lambda = \text{diag}(\lambda_1, \lambda_2, \cdots, \lambda_t)$$

$$(7\text{-}3\text{-}15)$$

式(7-3-14)称为 Gauss-Markov 模型(式(7-3-12))的典则形式,Y 称为典则参

数。

典则参数 Y 的最小二乘估计和岭估计分别为

$$\hat{Y}_{LS} = (A^T A)^{-1} A^T L = \Lambda^{-1} G^T B^T L \tag{7-3-16}$$

$$\hat{Y}(k) = (A^T A + kI)^{-1} A^T L = (\Lambda + kI)^{-1} G^T B^T L \tag{7-3-17}$$

岭估计有以下主要性质:

(1)岭估计 $\hat{X}(k)$ 是最小二乘估计 $\hat{X}_{LS}$ 的线性组合。

由式(7-3-13)知

$$\begin{aligned}\hat{X}(k) &= (N+kI)^{-1} N N^{-1} B^T P L \\ &= (N+kI)^{-1} N \hat{X}_{LS} = Z_k \hat{X}_{LS}\end{aligned} \tag{7-3-18}$$

式中:

$$Z_k = (N+kI)^{-1} N = [I + kN^{-1}]^{-1} \tag{7-3-19}$$

利用矩阵反演公式 $(D + ACB)^{-1} = D^{-1} - D^{-1} A (C^{-1} + BD^{-1}A)^{-1} BD^{-1}$[9],$Z_k$ 还可由下式表达

$$\begin{aligned}Z_k &= [I + kN^{-1}]^{-1} = [I + kIN^{-1}I]^{-1} \\ &= I - k(N+kI)^{-1}\end{aligned} \tag{7-3-20}$$

(2)岭估计 $\hat{X}(k)$ 是 $\widetilde{X}$ 的有偏估计。

由式(7-3-18)、式(7-3-20)可得岭估计的期望为

$$\begin{aligned}E[\hat{X}(k)] &= E(\hat{X}_{LS}) - k(N+kI)^{-1} E(\hat{X}_{LS}) \\ &= \widetilde{X} - k(N+kI)^{-1} \widetilde{X}\end{aligned} \tag{7-3-21}$$

在上式中,只要 $k \neq 0$,岭估计就是 $\widetilde{X}$ 的有偏估计;而 $k=0$ 时,估值 $\hat{X}(0)$ 无偏,这是最小二乘估计情形,可见最小二乘估计是 $k=0$ 的岭估计。从这个意义上讲,岭估计也包含着最小二乘估计。

(3)对任意 $k>0$,$\|\hat{X}\| \neq 0$,总有

$$\|\hat{X}(k)\| < \|\hat{X}_{LS}\|$$

可见,岭估计 $\hat{X}(k)$ 是最小二乘估计 $\hat{X}_{LS}$ 的一种压缩型有偏估计。

(4)存在 $k>0$,使 $\hat{X}(k)$ 的均方误差小于 $\hat{X}_{LS}$ 的均方误差,即

$$\text{MSE}(\hat{X}(k)) < \text{MSE}(\hat{X}_{LS}) \tag{7-3-22}$$

上式表示,当 $k>0$ 时,在均方误差意义下,岭估计优于最小二乘估计。

证明:由式(7-3-2)知,岭估计的均方误差为

第7章 几种特殊问题的估计方法 ——————————— 165

$$\text{MSE}(\hat{X}(k)) = R_1(k) + R_2(k) \qquad (7-3-23)$$

式中：

$$R_1(k) = \text{tr}(D(\hat{X})(k)) = \sum_{i=1}^{t} D(\hat{X}_i(k)) \qquad (7-3-24)$$

即 $R_1(k)$ 为岭估计各分量方差之和；

$$R_2(k) = \text{tr}\{(E(\hat{X}(k)) - \widetilde{X})(E(\hat{X}(k)) - \widetilde{X})^T\} = \sum_{i=1}^{t} (E(\hat{X}_i(k)) - \widetilde{X}_i)^2$$

$$(7-3-25)$$

式中：$R_2(k)$ 为岭估计各分量的偏差平方和。

用式(7-3-18)将岭估计表达成最小二乘估计的线性函数，则由式(7-3-24)可得

$$\begin{aligned} R_1(k) &= \text{tr}(D(\hat{X}(k))) = \text{tr}(Z_k D(\hat{X}_{LS}) Z_k^T) = \sigma_0^2 \text{tr}(N^{-1} Z_k^T Z_k) \\ &= \sigma_0^2 \text{tr}(N^{-1} N (N+kI)^{-1} (I - k(N+kI)^{-1})) \\ &= \sigma_0^2 \{\text{tr}((N+kI)^{-1}) - \text{tr}(k(N+kI)^{-1}(N+kI)^{-1})\} \end{aligned} \qquad (7-3-26)$$

式(7-3-26)中顾及了式(7-3-19)和式(7-3-20)。

考虑矩阵 $(N+kI)^{-1}$ 的 t 个特征根为 $\frac{1}{\lambda_i+k}(i=1,2,\cdots,t)$，则有

$$\text{tr}(N+kI)^{-1} = \sum_{i=1}^{t} \frac{1}{\lambda_i+k} \qquad (7-3-27)$$

代入式(7-3-26)，最后得

$$R_1(k) = \sigma_0^2 \left(\sum_{i=1}^{t} \frac{1}{\lambda_i+k} - k \sum_{i=1}^{t} \frac{1}{(\lambda_i+k)^2} \right) = \sigma_0^2 \sum_{i=1}^{t} \frac{\lambda_i}{(\lambda_i+k)^2}$$

$$(7-3-28)$$

由式(7-3-25)和式(7-3-18)，顾及 $E(\hat{X}_{LS}) = \widetilde{X}$，可得

$$R_2(k) = [(Z_k - I)\widetilde{X}]^T [(Z_k - I)\widetilde{X}] = \widetilde{X}^T (Z_k - I)^T (Z_k - I) \widetilde{X}$$

将式(7-3-20)代入得

$$R_2(k) = k^2 \widetilde{X}^T (N+kI)^{-2} \widetilde{X} \qquad (7-3-29)$$

利用正交矩阵 G，将 $(N+kI)^{-2}$ 化为对角阵

$$(N+kI)^{-2} = G U_k G^T$$

其中：G 是 N 的特征向量所构成的正交阵；

$$U_k = \text{diag}\left(\frac{1}{(\lambda_1+k)^2}, \cdots, \frac{1}{(\lambda_t+k)^2} \right)$$

令 $Y=G^T X, Y^T=(y_1,\cdots,y_t)$，则式(7-3-29)成为

$$R_2(k) = k^2 Y^T G^T (N+kI)^{-2} GY = k^2 Y^T U_k Y$$

$$= k^2 \sum_{i=1}^{t} \frac{y_i^2}{(\lambda_i + k)^2} \tag{7-3-30}$$

对式(7-3-23)求导得

$$\frac{d}{dk} \text{MSE}(\hat{X}(k)) = \frac{d}{dk} R_1(k) + \frac{d}{dk} R_2(k)$$

$$= -2\sigma_0^2 \sum_{i=1}^{t} \frac{\lambda_i}{(\lambda_i+k)^3} + 2k \sum_{i=1}^{t} \frac{\lambda_i y_i^2}{(\lambda_i+k)^3}$$

故有

$$\left. \frac{d}{dk} \text{MSE}(\hat{X}(k)) \right|_{k=0} = -2\sigma_0^2 \sum_{i=1}^{t} \frac{1}{\lambda_i^2} < 0$$

表明 $\hat{X}(k)$ 均方误差是 k 的递减函数，且 $\text{MSE}(\hat{X}(0)) = \text{MSE}(\hat{X}_{LS})$，故必存在 $k>0$，使得式(7-3-22)成立。

3. 岭参数的选择

由式(7-3-23)并顾及式(7-3-28)和式(7-3-30)，知

$$\text{MSE}(\hat{X}(k)) = \sigma_0^2 \sum_{i=1}^{t} \frac{\lambda_i}{(\lambda_i+k)^2} + k^2 \sum_{i=1}^{t} \frac{y_i^2}{(\lambda_i+k)^2} \tag{7-3-31}$$

引进岭估计的目的是减小均方误差，因此，应该选择使 $\text{MSE}(\hat{X}(k))$ 达到最小的 k 值。但从式(7-3-31)可以看出，由于 Y 和 X 未知，故不能用求极值的方法，在 $\text{MSE}(\hat{X}(k)) = \min$ 原则下得出 k 值。所以关于 k 值的确定，统计学家做了大量的工作，提出了许多方法和确定 k 值的原则，但到目前为止还没有一种公认的良好方法。下面介绍岭迹法及双 h 公式法。

(1)岭迹法

所谓岭迹，就是以岭估计 $\hat{X}(k)$ 的分量 $\hat{X}_i(k)(i=1,2,\cdots,t)$ 作为岭参数 k 的函数，将 t 条岭迹画出函数图像。选择 k 值的岭迹法是，使 t 条岭迹都处于大体稳定状态下的那个 k 值。这种方法选择 k 值有随意性，但应用方便。

例 7.3 表 7-1 列出了 k 取 0.1~2.0 所对应的参数分量估值 $\hat{X}_i(k)(i=1,2,\cdots,7)$，图 7-2 根据表 7-1 数据画出了 7 条岭迹。当 $k=0.7$ 时，各参数的估值基本相对稳定，可考虑取此值(本算例取自文献[3])。

表 7-1　　取不同岭参数 k 时所对应的岭估计分量 $\hat{X}_i(k)$

k	$\hat{X}_1$	$\hat{X}_2$	$\hat{X}_3$	$\hat{X}_4$	$\hat{X}_5$	$\hat{X}_6$	$\hat{X}_7$
0	21.4598	−51.5543	4.5578	126.6540	−241.0506	212.4953	−121.8465
0.1	3.0376	−7.4598	−7.6764	−0.6614	−6.7750	7.2956	20.7519
0.2	4.0173	−6.9406	−6.1914	−0.1209	−5.0200	4.7997	15.438
0.3	4.4859	−6.6306	−5.2575	0.1568	−4.0117	3.3986	12.4632
0.4	4.7203	−6.4214	−4.5985	0.3152	−3.3531	2.5101	10.4992
0.5	4.8309	−6.2689	−4.0998	0.4107	−2.8865	1.9016	9.1154
0.6	4.8705	−6.1515	−3.7042	0.4697	−2.5367	1.4623	8.0848
0.7	4.8669	−6.0574	−3.3798	0.5061	−2.2634	1.1328	7.2855
0.8	4.8363	−5.9795	−3.1071	0.5278	−2.0432	0.8783	6.6461
0.9	4.7886	−5.9134	−2.8733	0.5397	−1.8614	0.6771	6.1219
1.0	4.7299	−5.8561	−2.6698	0.5448	−1.7082	0.5150	5.6836
1.1	4.6643	−5.8055	−2.4906	0.5452	−1.5771	0.3825	5.3111
1.2	4.5946	−5.7603	−2.3310	0.5422	−1.4633	0.2727	4.9901
1.3	4.5227	−5.7193	−2.1878	0.5369	−1.3635	0.1807	4.7105
1.4	4.4498	−5.6817	−2.0583	0.5299	−1.2751	0.1029	4.4643
1.5	4.3769	−5.647	−1.9405	0.5217	−1.1962	0.0366	4.2457
1.6	4.3045	−5.6146	−1.8327	0.5126	−1.1252	−0.0203	4.0502
1.7	4.2332	−5.5842	−1.7337	0.5031	−1.0609	−0.0694	3.8742
1.8	4.1632	−5.5554	−1.6423	0.4931	−1.0024	−0.1121	3.7147
1.9	4.0946	−5.5281	−1.5576	0.4830	−0.9489	−0.1494	3.5695
2.0	4.0278	−5.502	−1.4789	0.4727	−0.8998	−0.1821	3.4367

(2) 双 h 公式法

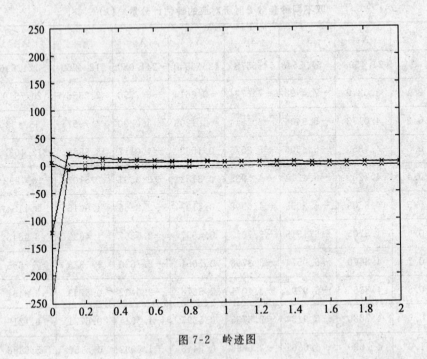

图 7-2 岭迹图

$$k = \frac{h_1 \hat{\sigma}_0^2}{\hat{X}_{LS}^T G \hat{X}_{LS} + h_2 \hat{\sigma}_0^2} \quad (7\text{-}3\text{-}32)$$

因为该公式中含有两个可供选用的参数 h_1 及 h_2，故有"双 h 公式"之名。当取 $G=I, h_1=t, h_2=0$，上式就变为 Hoerl-Kennard-Baldwin 公式

$$k = \frac{t \hat{\sigma}_0^2}{\hat{X}_{LS}^T \hat{X}_{LS}} \quad (7\text{-}3\text{-}33)$$

例 7.4 已知某平差问题的法方程系数及常数项为（本算例取自文献[6]）

$$B^T B = \begin{bmatrix} 0.500 & 0.333 & 0.250 \\ 0.333 & 0.250 & 0.200 \\ 0.250 & 0.200 & 0.167 \end{bmatrix}, B^T L = \begin{bmatrix} 1.490 \\ 0.793 \\ 0.499 \end{bmatrix}$$

$B^T B$ 的三个特征根为

$$\lambda_1 = 0.875, \quad \lambda_2 = 0.041, \quad \lambda_3 = 0.001$$

对应于上面三个特征根的标准正交化特征向量为

第 7 章 几种特殊问题的估计方法

$$G = \begin{bmatrix} 0.743 & 0.639 & -0.199 \\ 0.527 & -0.377 & 0.761 \\ 0.411 & -0.671 & -0.617 \end{bmatrix}$$

按式(7-3-11),计算 $B^T B$ 的条件数

$$p = \frac{\lambda_{\max}}{\lambda_{\min}} = \frac{0.875}{0.001} = 875$$

即 $B^T B$ 有较强的复共线性。下面求参数的岭估计。

(1) 求参数的 LS 估计 $\hat{X}_{LS}$ 及方差因子 $\hat{\sigma}_0^2$,得

$$\hat{X}_{LS} = \begin{bmatrix} 6.458 \\ -2.066 \\ -4.204 \end{bmatrix}, \hat{\sigma}_0^2 = 0.924$$

(2) 选择岭参数 k

由式(7-3-33),得

$$k = \frac{t \hat{\sigma}_0^2}{\hat{X}_{LS}^T \hat{X}_{LS}} = \frac{3 \times 0.924}{63.65} = 0.04$$

(3) 求参数的岭估计 $\hat{X}(k)$

由式(7-3-13),得

$$\hat{X}(k) = (B^T B + kI)^{-1} B^T L$$

$$= \begin{bmatrix} 0.540 & 0.333 & 0.250 \\ 0.333 & 0.290 & 0.200 \\ 0.250 & 0.200 & 0.207 \end{bmatrix}^{-1} \begin{bmatrix} 1.490 \\ 0.793 \\ 0.499 \end{bmatrix} = \begin{bmatrix} 3.914 \\ -0.474 \\ -1.864 \end{bmatrix}$$

(4) 计算 LS 估计 $\hat{X}_{LS}$ 的均方误差

按式(7-3-8)计算 $\hat{X}_{LS}$ 的均方误差为

$$\text{MSE}(\hat{X}_{LS}) = \hat{\sigma}_0^2 \sum_{i=1}^{t} \frac{1}{\lambda_i} = 0.924 \left(\frac{1}{0.875} + \frac{1}{0.041} + \frac{1}{0.001} \right) = 947.59$$

(5) 计算岭估计 $\hat{X}(k)$ 的均方误差

① 由 $Y = G^T X$,求典则参数

$$\tilde{Y}(k) = G^T \hat{X}(k) = \begin{bmatrix} 1.982 \\ 7.726 \\ -0.264 \end{bmatrix}$$

② 按式(7-3-31),求 $\text{MSE}(\hat{X}(k))$

$$\text{MSE}(\hat{X}(k)) = \text{MSE}(\hat{Y}(k)) \text{（两者相等的证明请参见文献[30]）}$$
$$= R_1(k) + R_2(k)$$

式中

$$R_1(k) = \hat{\sigma}_0^2 \sum_{i=1}^{3} \frac{\lambda_i}{(\lambda_i+k)^2} = 15.18$$

$$R_2(k) = k^2 \sum_{i=1}^{3} \frac{\hat{y}_i^2}{(\lambda_i+k)^2} = 14.63$$

得

$$\text{MSE}(\hat{X}(k)) = 15.18 + 14.63 = 29.81$$

可见

$$\text{MSE}(\hat{X}(k)) \ll \text{MSE}(\hat{X}_{LS})$$

表明岭估计确实在均方误差意义下改进了 LS 估计。

7.3.3 广义岭估计

1. 广义岭估计的定义

广义岭估计（Generalized Ridge Estimate）定义为

$$\hat{X}(K) = (B^{\text{T}}B + GKG^{\text{T}})^{-1}B^{\text{T}}L \tag{7-3-34}$$

式中：G 的定义同前，即 G 为正交方阵，且有

$$G^{\text{T}}(B^{\text{T}}B)G = \Lambda = \text{diag}(\lambda_1, \cdots, \lambda_t) \tag{7-3-35}$$
$$K = \text{diag}(k_1, \cdots, k_t)$$

$k_1, \cdots, k_t$ 为 t 个岭参数或称广义岭参数，当 $k_1 = \cdots = k_t = k$ 时，式 (7-3-34) 中的 $GKG^{\text{T}} = kI$，即退化为岭估计，可见岭估计是广义岭估计的特殊情况，也称为狭义岭估计。

从定义易知，典则参数 Y 的广义岭估计为

$$\hat{Y}(K) = (A^{\text{T}}A + K)^{-1}A^{\text{T}}L = (\Lambda + K)^{-1}C \tag{7-3-36}$$

式中：$C = A^{\text{T}}L = (c_1, c_2, \cdots, c_n)^{\text{T}}$。

广义岭估计与岭估计不同之处在于，后者通过在法方程系数阵的主对角线元素上加上同一常数 k 来达到改善其病态性，而前者则是在典则形式的法方程系数阵主对角线元素上加上不同的 k 值，期望对岭估计加以改进。

2. 广义岭估计的性质

广义岭估计的性质与岭估计基本一致，现不加证明地给出如下结论：

(1) 广义岭估计是最小二乘估计的线性组合。

(2) 广义岭估计类有偏。

(3) 对任意的 K,当所有 $k_i>0$, $\|\hat{X}_{LS}\| \neq 0$ 时,总有

$$\|\hat{X}(K)\| < \|\hat{X}_{LS}\| \qquad (7\text{-}3\text{-}37)$$

即广义岭估计也是最小二乘估计向原点的一种压缩。

(4) 存在 $K = \text{diag}(k_1, k_2, \cdots, k_t)$,在所有 $k_i > 0$ 时,有

$$\text{MSE}(\hat{X}(K)) < \text{MSE}(\hat{X}_{LS}) \qquad (7\text{-}3\text{-}38)$$

3. 广义岭估计中的直接解法

同狭义岭估计一样,岭参数的选择十分重要。文献[4]给出了 Hemmerle-Brantle 公式,即 $\hat{k}_i = \hat{\sigma}_0^2/(\hat{y}_i^2 - \hat{\sigma}_0^2/\lambda_i)(i=1,2,\cdots,t)$,当 $\hat{y}_i^2 - \hat{\sigma}_0^2/\lambda_i < 0$ 时,k_i 取无穷大。文献[3]介绍了岭迹法,也给出了迭代公式,即 $\hat{y}_i(\hat{k}_i) = \hat{y}_i \lambda_i/(k_i + \lambda_i)$。这里给出一种广义岭估计的直接解法,该解法不需计算岭参数,可直接求得具有最小均方误差的解。

确定岭参数的基本思路是寻找使 $\text{MSE}(\hat{X}(K))$ 达到最小的 K。文献[31]导出的广义岭估计的均方误差为

$$\text{MSE}(\hat{X}(K)) = \sigma_0^2 \sum_{i=1}^{t} \frac{\lambda_i}{(\lambda_i + k_i)^2} + \sum_{i=1}^{t} \frac{k_i^2 y_i^2}{(\lambda_i + k_i)^2} \qquad (7\text{-}3\text{-}39)$$

将式(7-3-39)对 k_i 求偏导数,并令其为零,可得到

$$k_i = \sigma_0^2/y_i^2 \quad (i = 1, 2, \cdots, t) \qquad (7\text{-}3\text{-}40)$$

此时的 $\text{MSE}(\hat{X}(K))$ 达到最小。由于 y_i 及 σ_0^2 未知,须将式(7-3-40)写成迭代式,即

$$\hat{k}_i^{(j)} = \hat{\sigma}_0^2 / \hat{y}_i^{(j)} \hat{y}_i^{(j)} \qquad (7\text{-}3\text{-}41)$$

即用第 j 次的估计结果 $\hat{y}_i^{(j)}$ 来估计同次的岭参数 k_i,再根据式(7-3-38)作第 $j+1$ 次估计,得

$$\hat{y}_i^{(j+1)} = \frac{c_i}{\lambda_i + \hat{k}_i^{(j)}} \qquad (7\text{-}3\text{-}42)$$

将式(7-3-41)代入式(7-3-42),得

$$\hat{y}_i^{(j+1)} = \frac{c_i}{\lambda_i + \hat{k}_i^{(j)}} = \frac{c_i}{\lambda_i + \hat{\sigma}_0^2 / \hat{y}_i^{(j)} \hat{y}_i^{(j)}} = \frac{c_i \hat{y}_i^{(j)} \hat{y}_i^{(j)}}{\lambda_i \hat{y}_i^{(j)} \hat{y}_i^{(j)} + \hat{\sigma}_0^2} \qquad (7\text{-}3\text{-}43)$$

设 $\hat{y}_i^{(\infty)} = \hat{y}_i$,则式(7-3-43)成为

$$\hat{y}_i = \frac{c_i \hat{y}_i^2}{\lambda_i \hat{y}_i^2 + \hat{\sigma}_0^2} \qquad (7\text{-}3\text{-}44)$$

式(7-3-44)为一元三次方程,考虑到方程一定存在实数解,以及 $\hat{y}_i$, c_i 应同号,可得此方程的解如下:

$$当 c_i = 0 \text{ 或 } d_i < 0 \text{ 时}, \hat{y}_i = 0;$$
$$当 c_i > 0 \text{ 且 } d_i \geqslant 0 \text{ 时}, \hat{y}_i = (c_i + \sqrt{d_i})/2\lambda_i; \qquad (7\text{-}3\text{-}45)$$
$$当 c_i < 0 \text{ 且 } d_i \geqslant 0 \text{ 时}, \hat{y}_i = (c_i - \sqrt{d_i})/2\lambda_i。$$

式中, $d_i = c_i^2 - 4\lambda_i \hat{\sigma}_0^2$。

若将 σ_0^2 的先验值 $\hat{\sigma}_0^2$ 代入上式,即可直接解得典则参数 Y。再由关系式 $Y = G^T X$,可得 $X = GY$,从而求得未知参数的广义岭估计值 $\hat{X}(K)$。

例 7.5 本算例取自文献[32]。在 GPS 动态定位中,历元间隔为 2 秒,观测了 5 颗卫星,用 4 个历元解算整周模糊度,误差方程的系数阵为

$$B = \begin{bmatrix}
0.2727 & 1.5127 & -0.5903 & 0.1903 & -0.1903 & 0 & 0 \\
0.3030 & -1.7179 & 0.1070 & 0 & 0.1903 & -0.1903 & 0 \\
-0.5994 & 1.1626 & -0.3181 & 0 & 0.1903 & -0.1903 & 0 \\
0.1414 & -0.6323 & -0.0527 & 0 & 0 & 0 & 0.1903 \\
0.2727 & 1.5126 & -0.5903 & 0.1903 & -0.1903 & 0 & 0 \\
0.3031 & -1.7179 & 0.1074 & 0 & 0.1903 & -0.1903 & 0 \\
-0.5996 & 1.1625 & -0.3182 & 0 & 0 & 0.1903 & -0.1903 \\
0.1419 & -0.6322 & -0.0530 & 0 & 0 & 0 & 0.1903 \\
0.2727 & 1.5125 & -0.5902 & 0.1903 & -0.1903 & 0 & 0 \\
0.3032 & -1.7179 & 0.1079 & 0 & 0.1903 & -0.1903 & 0 \\
-0.5998 & 1.1625 & -0.3183 & 0 & 0 & 0.1903 & -0.1903 \\
0.1423 & -0.6322 & -0.0533 & 0 & 0 & 0 & 0.1903 \\
0.2727 & 1.5124 & -0.5902 & 0.1903 & -0.1903 & 0 & 0 \\
0.3033 & -1.7178 & 0.1083 & 0 & 0.1903 & -0.1903 & 0 \\
-0.6001 & 1.1624 & -0.3184 & 0 & 0 & 0.1903 & -0.1903 \\
0.1427 & -0.6321 & -0.0536 & 0 & 0 & 0 & 0.1903
\end{bmatrix}$$

设参数的真值为

$$\tilde{X}^T = \begin{bmatrix} \delta x & \delta y & \delta z & N_1 & N_2 & N_3 & N_4 \end{bmatrix}$$
$$= \begin{bmatrix} 4.2 & -2.1 & 3.5 & 48 & 52 & 31 & 55 \end{bmatrix}$$

式中: N_i 为模糊度参数; $\delta_x, \delta_y, \delta_z$ 为坐标参数。

用此模拟的真值反算得观测值 $\tilde{L}$ 列于表 7-2 的 $\tilde{L}_i$ 行,对观测值 $\tilde{L}$ 在百分位上加上微小误差后的观测值为 L,列于表 7-2 中的 L_i 行,其误差为 $\Delta = \tilde{L} - L$,

第7章 几种特殊问题的估计方法 —————————————— 173

列于表中 Δ_i 行,由误差方程

$$V = B\hat{X} - L$$

表 7-2　　　　　模拟的真值反算得到的观测值 $\tilde{L}$、L 及 Δ

	1	2	3	4	5	6	7	8
$\tilde{L}_i$	−4.8586	9.2509	−10.6390	12.2032	−4.8583	9.2527	−10.6402	12.2039
L_i	−4.85	9.25	−10.63	12.20	−4.86	9.26	−10.64	12.21
Δ_i	−0.0086	0.0009	−0.0090	0.0032	0.0017	−0.0073	−0.0002	−0.0061
	9	10	11	12	13	14	15	16
$\tilde{L}_i$	−4.8581	9.2545	−10.6414	12.2045	−4.8577	9.2563	−10.6426	12.2052
L_i	−4.84	9.24	−10.62	12.22	−4.84	9.27	−10.63	12.22
Δ_i	−0.0181	0.0145	−0.0214	−0.0155	−0.0177	−0.0137	−0.0126	−0.0048

组成法方程

$$B^{\mathrm{T}}B\hat{X} = B^{\mathrm{T}}L$$

$$\begin{bmatrix} 2.1845 & -3.5812 & 0.2199 & 0.2076 & 0.0232 & -0.6873 & 0.5647 \\ -3.5812 & 27.9599 & -5.6563 & 1.1513 & -2.4590 & 2.1925 & -1.3661 \\ 0.2199 & -5.6563 & 1.8564 & -0.4493 & 0.5312 & -0.3242 & 0.2018 \\ 0.2076 & 1.1513 & -0.4493 & 0.1448 & -0.1449 & 0 & 0 \\ 0.0232 & -2.4590 & 0.5312 & -0.1449 & 0.2897 & -0.1449 & 0 \\ -0.6873 & 2.1925 & -0.3242 & 0 & -0.1449 & 0.2897 & -0.1449 \\ 0.5647 & -1.3661 & 0.2018 & 0 & 0 & -0.1449 & 0.2897 \end{bmatrix} \cdot$$

$$\begin{bmatrix} \delta x \\ \delta y \\ \delta z \\ N_1 \\ N_2 \\ N_3 \\ N_4 \end{bmatrix} = \begin{bmatrix} 38.3756 \\ -173.2370 \\ 26.3658 \\ -3.6899 \\ 10.7348 \\ -15.1365 \\ 17.3877 \end{bmatrix}$$

$B^{\mathrm{T}}B$ 的特征根分别为

$$(\lambda_1, \lambda_2, \lambda_3, \lambda_4, \lambda_5, \lambda_6, \lambda_7)$$

$$= (4.8 \times 10^{-8}, 9.4 \times 10^{-10}, 1.8 \times 10^{-7}, 0.17, 0.52, 2.2, 30)$$

对应于上面七个特征值的标准正交化特征向量为

$$G = \begin{bmatrix} 0.085 & -0.023 & 0.343 & -0.188 & 0.295 & 0.858 & -0.128 \\ 0.020 & 0.126 & 0.019 & -0.071 & 0.220 & 0.046 & 0.963 \\ 0.179 & -0.004 & -0.081 & -0.176 & 0.875 & -0.355 & -0.197 \\ 0.715 & -0.218 & -0.610 & -0.101 & -0.135 & 0.197 & 0.040 \\ 0.445 & 0.760 & 0.287 & -0.276 & -0.194 & -0.145 & -0.084 \\ 0.498 & -0.413 & 0.612 & 0.401 & -0.028 & -0.196 & 0.077 \\ 0.054 & 0.434 & -0.214 & 0.825 & 0.205 & 0.195 & -0.048 \end{bmatrix}$$

C 矩阵为

$$C = B^T G^T L = \begin{bmatrix} 3.532 \times 10^{-6} \\ -9.735 \times 10^{-8} \\ 3.436 \times 10^{-6} \\ 6.193 \\ -1.239 \\ 19.698 \\ -180.046 \end{bmatrix}$$

由式(7-3-11)可算得 $B^T B$ 的条件数为

$$p = \frac{\lambda_{\max}}{\lambda_{\min}} = \frac{30}{9.4 \times 10^{-10}} = 3.2 \times 10^{10} \gg 1000$$

由上可知,法方程的系数矩阵是严重病态矩阵,参数的最小二乘估值为

$$\hat{X} = [17.66 \quad -28.37 \quad 2.06 \quad 78.21 \quad -102.92 \quad 133.88 \quad -42.69]^T$$

估值与真值之差值为

$$\Delta \hat{x} = \widetilde{X} - \hat{X}$$
$$= [-13.46 \quad 26.27 \quad 1.44 \quad -30.21 \quad 154.92 \quad -102.88 \quad 97.69]^T$$

估值与真值的 2 范为

$$\| \hat{X} - \widetilde{X} \|_2 = 214.3$$

可见,最小二乘估计的结果严重失真。

计算 σ_0^2 的先验值 $\hat{\sigma}_0^2$,得 $\hat{\sigma}_0^2 = 1.46 \times 10^{-5}$。

由式(7-3-45)可解得典则参数为

$$Y = [71.441 \quad 0.000 \quad 12.665 \quad 37.365 \quad -2.384 \quad 8.830 \quad -5.982]^T$$

由 $X = GY$ 可以求得参数的广义岭估计值为

$$\hat{X}(K) = [11.05 \quad -6.84 \quad 1.14 \quad 41.40 \quad 24.80 \quad 56.19 \quad 33.51]^T$$

与真值之差值为

$$\Delta_{\hat{X}(K)} = \widetilde{X} - \hat{X}(K)$$
$$= [-6.85 \quad 4.74 \quad 2.36 \quad 6.60 \quad 27.20 \quad -25.19 \quad 21.49]^T$$

估值与真值的 2 范为

$$\|\hat{X}(K) - \widetilde{X}\|_2 = 44.2 \ll 214.3$$

可见,广义岭估计的直接解法在很大程度上改善了最小二乘估计。

7.4 主成分估计

7.4.1 主成分及其性质

Gauss-Markov 模型 $L = BX + \Delta$ 的典则形式为

$$L = AY + \Delta \tag{7-4-1}$$

式中:$A = BG, Y = G^T X, G = (G_1, G_2, \cdots, G_t)$ 为对应于 $B^T B$ 的特征根的标准正交化特征向量,即满足 $G^T(B^T B)G = \Lambda = \text{diag}(\lambda_1, \cdots, \lambda_t)$,$Y$ 为典则参数。

则定义 $A = (A_1, A_2, \cdots, A_t) = (B_1, B_2, \cdots, B_t)G$ 为回归自变量 B 的主成分,而 $A_i = B_i G$ 为 B 的第 i 个主成分。

现不加证明地给出主成分的性质:

(1) $D(A) = \Lambda = \text{diag}(\lambda_1, \lambda_2, \cdots, \lambda_t)$ \hfill (7-4-2)

即任意两个主成分都不相关,且第 i 个主成分的方差为 λ_i;

(2) $\sum_{i=1}^{n} D(A_i) = \sum_{j=1}^{t} \lambda_j$ \hfill (7-4-3)

即主成分的方差之和等于特征根之和。

7.4.2 主成分估计

1. 估计原理

由主成分的性质可知,$B^T B$ 的特征根 λ_i 度量了第 i 个主成分 A_i 在总方差中所占的分量。若某个 $\lambda_i \approx 0$,则这个主成分在总方差中所占的分量很小,故可以把它看成常数,即不是变量。既然不是变量,就可以从模型中剔除。

当矩阵 $B^T B$ 呈病态时,有一些特征根 λ_i 比较小。现设后面 $t-r$ 个很小,即 $\lambda_{r+1}, \lambda_{r+2}, \cdots, \lambda_t \approx 0$,则表示主成分 $A_{r+1}, A_{r+2}, \cdots, A_t$ 对总方差影响趋于零,

故可以把这些主成分从式(7-4-1)中剔除,即相当于用零去估计 $y_{r+1}, y_{r+2}, \cdots, y_t$。而前 r 个系数 $y_1, y_2, \cdots, y_r$ 仍采用 LS 估计,然后根据关系 $X=GY$ 定出 X 的估计,这种方法称为主成分估计。可见,主成分估计本质是,先把回归自变量变换成它们的主成分,而后选择其中一部分重要的主成分作为新变量,并对它们作出最小二乘估计,然后再转换到原来参数的估计。主成分在这个估计中起到核心作用。

2. 估计公式

基于上述思想,若 $\lambda_{r+1}, \lambda_{r+2}, \cdots, \lambda_t \approx 0$,对 Λ, Y, A, G 作相应分块,即设

$$\Lambda = \begin{bmatrix} \Lambda_1 & \\ & \Lambda_2 \end{bmatrix}, 其中 \quad \begin{matrix} \Lambda_1 : r \times r \ 矩阵 \\ \Lambda_2 : (t-r) \times (t-r) \ 矩阵 \end{matrix}$$

$$Y = \begin{bmatrix} Y_{(1)} \\ Y_{(2)} \end{bmatrix}, 其中 \quad \begin{matrix} Y_{(1)} : r \times 1 \ 矩阵 \\ Y_{(2)} : (t-r) \times 1 \ 矩阵 \end{matrix}$$

$$A = \begin{bmatrix} A_1 & A_2 \end{bmatrix}, 其中 \quad \begin{matrix} A_1 : n \times r \ 矩阵 \\ A_2 : n \times (t-r) \ 矩阵 \end{matrix}$$

$$G = \begin{bmatrix} G_1 & G_2 \end{bmatrix}, 其中 \quad \begin{matrix} G_1 : t \times r \ 矩阵 \\ G_2 : t \times (t-r) \ 矩阵 \end{matrix}$$

则式(7-4-1)相应变为

$$L = A_1 Y_{(1)} + A_2 Y_{(2)} + \Delta \tag{7-4-4}$$

剔除式(7-4-4)中的 $A_2 Y_{(2)}$ 这一项,即用 $\hat{Y}_{(2)}=0$ 作为 $Y_{(2)}$ 的估计,可求得 $Y_{(1)}$ 的 LS 估计为

$$\hat{Y}_{(1)} = (A_1^T A_1)^{-1} A_1^T L = \Lambda_1^{-1} A_1^T L \tag{7-4-5}$$

再由 $Y = G^T X$,两边左乘 G 并顾及 $GG^T = I$,则有 $X = GY$,将式(7-4-5)代入该式,就得到 X 的估计

$$\hat{X} = G \begin{bmatrix} \hat{Y}_{(1)} \\ \hat{Y}_{(2)} \end{bmatrix} = \begin{bmatrix} G_1 & G_2 \end{bmatrix} \begin{bmatrix} \hat{Y}_{(1)} \\ 0 \end{bmatrix}$$

$$= G_1 \hat{Y}_{(1)} = G_1 \Lambda_1^{-1} A_1^T L = G_1 \Lambda_1^{-1} G_1^T B^T L \tag{7-4-6}$$

称 $\hat{X}$ 为 X 的主成分估计。

7.4.3 主成分估计的性质

1. 主成分估计的性质

(1)主成分估计 $\hat{X}$ 是 LS 估计 $\hat{X}_{LS}$ 的一个线性变换,即有

第 7 章 几种特殊问题的估计方法

$$\hat{X} = G_1 G_1^T \hat{X}_{LS} \tag{7-4-7}$$

(2)由于 $E(\hat{X}) = G_1 G_1^T X$,只要 $r<t$,主成分估计就是有偏估计,当 $r=t$ 时,主成分估计就是 LS 估计。

(3)当设计阵呈病态时,适当选取 r,可使主成分估计比 LS 估计有较小的均方误差,即

$$\text{MSE}(\hat{X}) < \text{MSE}(\hat{X}_{LS}) \tag{7-4-8}$$

(4) $\|\hat{X}\| < \|\hat{X}_{LS}\|$,即主成分估计 $\hat{X}$ 是压缩估计。

2. 偏参数 r 的选取

在主成分估计中,选取 r 实际就是选取主成分的个数,通常有两种方法:一是剔去那些特征根很接近于零的主成分;二是使前 r 个特征根之和在所有 t 个特征根总和中所占的比例达到预先给定的值,即选取 r 使得

$$\sum_{i=1}^{r} \lambda_i \Big/ \sum_{i=1}^{t} \lambda_i > 0.85 \ \text{或} \ 0.90 \ \text{等} \tag{7-4-9}$$

例 7.6 本例取自文献[33]。

在 Gauss-Markov 模型 $L = BX + \Delta$ 中,

$$B^T B = \begin{bmatrix} 1 & 0.026 & 0.997 \\ 0.026 & 1 & 0.036 \\ 0.997 & 0.036 & 1 \end{bmatrix}, B^T L = \begin{bmatrix} 0.965 \\ 0.025 \\ 0.971 \end{bmatrix}$$

试求参数 X 的主成分估计。

(1)计算 $B^T B$ 的特征根 λ 及其对应的标准正交化特征向量 G,得

$$\lambda_1 = 1.999, \lambda_2 = 0.998, \lambda_3 = 0.003$$

$$G = \begin{bmatrix} 0.7063 & -0.0357 & -0.7070 \\ 0.0435 & 0.9990 & -0.0070 \\ 0.7065 & -0.0258 & 0.7072 \end{bmatrix}$$

条件数 $p = \dfrac{1.999}{0.003} = 666$,故 $B^T B$ 有中等程度复共线性。

(2)按式(7-4-9),求得

$$\frac{\lambda_1 + \lambda_2}{\sum \lambda_i} = 0.999$$

故取偏参数 $r=2$,有

$$\Lambda = \begin{bmatrix} \Lambda_1 & 0 \\ 0 & \Lambda_2 \end{bmatrix}, \text{其中} \ \Lambda_1 = \begin{bmatrix} 1.999 & 0 \\ 0 & 0.998 \end{bmatrix}$$

$$G = [G_1 \quad G_2], \text{其中 } G_1 = \begin{bmatrix} 0.7063 & -0.0357 \\ 0.0435 & 0.9990 \\ 0.7065 & -0.0258 \end{bmatrix}$$

(3) 主成分估计

按式(7-4-6),求得

$$G_1^T B^T L = \begin{bmatrix} 1.378 \\ 0.190 \end{bmatrix} \quad \Lambda_1^{-1} G_1^T B^T L = \begin{bmatrix} 0.689 \\ 0.190 \end{bmatrix}$$

则参数的主成分估计为

$$\hat{X} = G_1 \Lambda_1^{-1} G_1^T B^T L = \begin{bmatrix} 0.480 \\ 0.220 \\ 0.482 \end{bmatrix}$$

以上介绍了三种最有影响的有偏估计,岭估计、广义岭估计和主成分估计,其他的有偏估计可参阅文献[33]。有偏估计理论与最小二乘估计理论相比,其深度远不如最小二乘估计理论。关于有偏估计的优良性质的进一步研究,做得比较多的是计算机模拟实验。大量研究表明,当系数矩阵 B 病态或者说存在复共线关系时有偏估计确实在均方误差意义下改进了最小二乘估计,但是,在众多的有偏估计中,还没有找到哪一个估计被认为优于所有其他估计。一般说来,这些估计的性质好坏与复共线性的严重程度及参数真值在参数空间的位置有关。

因为有偏估计仅在复共线性存在时优于最小二乘估计,因此,没有发现 $B^T B$ 有复共线性时,鉴于最小二乘估计有相当丰富的理论结果和应用经验,这时还是采用最小二乘估计要好一些。

值得指出的是,对于测量平差法方程解算时的病态性问题最初的研究主要集中于现代统计理论中的有偏估计理论及其应用。后来的研究方向则要广得多,如隋立芬(1995)将影响分析的理论和方法引入到测量实际中,叶松林等(1998)初步讨论了奇异值分解(SVD)理论在测量数据处理中的应用,归庆明和张建军等(1993~1997)对有偏估计进行了广泛、深入的研究,运用极小化均方误差无偏估计方法、$Q(c)$准则、特征分析方法提出了各种选取偏参数的方法,提出了 Gauss-Markov 模型参数有偏估计的三种统一表示——广义压缩 LS 估计、广义主成分估计、泛岭估计,并将有偏估计统一理论应用于测量平差中。

7.5 非线性最小二乘估计

7.5.1 问题的提出

经典平差是基于线性模型的平差方法。然而在现实世界中,严格的线性模型并不多见。传统的线性模型平差中的很多理论在非线性模型平差中就不一定适用;线性模型平差中的很多结论在非线性模型平差中也不一定成立;线性模型平差中的很多优良统计性质在非线性模型平差中甚至不一定存在。例如,在线性模型平差中,当随机误差服从正态分布时,未知参数 X 的最小二乘估计 $\hat{X}_{LS}$ 具有一致无偏性和方差最小性。但在非线性模型平差中,即使随机误差严格服从正态分布,未知参数 X 的非线性最小二乘估计 $\hat{X}_{NLS}$ 也是有偏的。其方差一般都不能达到最小值。

对于测量中大量的非线性模型,在经典平差中总是进行线性近似(经典测量平差中称之为线性化),即将其展开为泰勒级数,并取至一次项,略去二次以上各项。如此线性近似,必然会引起模型误差。过去由于测量精度不高,线性近似所引起的模型误差往往小于观测误差,故可忽略不计。随着科学技术的不断发展,现在的观测精度已大大提高,致使因线性近似所产生的模型误差与观测误差相当,有些甚至还会大于观测误差。例如,GPS 载波相位观测值的精度很高,其观测误差往往小于因线性近似所产生的模型误差。因此,用近似的理论、模型、方法去处理具有很高精度的观测结果,就会导致精度的损失,这显然是不合理的。现代科学技术要求估计结果的精度尽可能高。这样,传统线性近似的方法就不一定能满足当今科学技术的要求。另外,有些非线性模型对参数的近似值十分敏感,若近似值精度较差,则线性化会产生较大的模型误差。由于线性近似后,没有顾及因线性近似所引起的模型误差,而用线性模型的精度评定理论去评定估计结果的精度,从而得到一些虚假的优良统计性质,人为地拔高了估计结果的精度。

鉴于上述各种原因,对非线性模型平差进行深入的研究是很有必要的。对非线性模型的平差和精度估计以及相应的误差理论研究也是当前国内外测绘界研究的前沿课题之一。

7.5.2 非线性模型平差原理

1. 非线性误差方程

测量中大量的观测方程是非线性方程。比如在 GPS 伪距测量中,第 j 颗

卫星至测站 k 的几何距离的观测方程为

$$\rho_k^j = \sqrt{(\widetilde{X}_k - \widetilde{X}^j)^2 + (\widetilde{Y}_k - \widetilde{Y}^j)^2 + (\widetilde{Z}_k - \widetilde{Z}^j)^2} + c\delta t + \Delta_k^j \quad (7\text{-}5\text{-}1)$$

它也是测站点 k 的待定坐标真值 $(\widetilde{X}_k, \widetilde{Y}_k, \widetilde{Z}_k)$ 的非线性函数。一般地,用 L 表示 n 维观测向量,用 $\widetilde{X}$ 表示 t 维未知参数向量的真值,用 Δ 表示 n 维真误差向量,则非线性观测方程可写为

$$L = f(\widetilde{X}) + \Delta \quad (7\text{-}5\text{-}2)$$

式中:$f(\widetilde{X}) = (f_1(\widetilde{X}) \quad f_2(\widetilde{X}) \quad \cdots \quad f_n(\widetilde{X}))^T$ 是由 n 个 $\widetilde{X}$ 的非线性函数组成的 n 维向量。式(7-5-2)就是我们所要讨论的一般非线性模型。

在一般的非线性模型式(7-5-2)中,用未知参数向量和真误差向量的估计值代替其真值,得非线性误差方程如下:

$$V = f(\hat{X}) - L \quad (7\text{-}5\text{-}3)$$

式中:V 为观测值的改正数向量(残差向量);$\hat{X}$ 为参数向量的估值。

2. 非线性模型平差

由非线性误差方程式(7-5-3)知,其中仅有 n 个方程,而有 $n + t$ 个未知数(n 个观测值的改正数和 t 个参数)。因此非线性误差方程式(7-5-3)是非线性不定方程组,有无穷组解。在这无穷组解中,必然有一组解能使

$$V^T P V = (f(\hat{X}) - l)^T P (f(\hat{X}) - l) = \min \quad (7\text{-}5\text{-}4)$$

成立。

我们将满足式(7-5-4)的一组解作为最优解,并称式(7-5-4)所确定的 $\hat{X}$ 为 $\widetilde{X}$ 的一个非线性最小二乘估计。本书中将求解非线性最小二乘估计的过程称为非线性模型平差。

7.5.3 非线性模型平差的算法

1. 非线性最小二乘估计的近似解

当非线性模型式(7-5-3)的非线性强度较弱时,可以将非线性模型在 X^0 处线性近似,并用线性模型的求解理论和方法来近似地求解非线性模型式(7-5-3)。这也就是我们大家所熟悉的传统方法——线性化方法,即将非线性模型式(7-5-3)在 X^0 处用泰勒级数展开,取至一次项,得

$$V = \frac{\partial f(X)}{\partial X}\bigg|_{X=X^0} \hat{x} - (L - f(X^0)) \quad (7\text{-}5\text{-}5)$$

第 7 章　几种特殊问题的估计方法 ──────────────────────────── 181

令　$B = \begin{bmatrix} \dfrac{\partial f_1(X)}{\partial X_1}\Big|_{X=X^0} & \dfrac{\partial f_1(X)}{\partial X_2}\Big|_{X=X^0} & \cdots & \dfrac{\partial f_1(X)}{\partial X_t}\Big|_{X=X^0} \\ \dfrac{\partial f_2(X)}{\partial X_1}\Big|_{X=X^0} & \dfrac{\partial f_2(X)}{\partial X_2}\Big|_{X=X^0} & \cdots & \dfrac{\partial f_2(X)}{\partial X_t}\Big|_{X=X^0} \\ \vdots & & & \vdots \\ \dfrac{\partial f_n(X)}{\partial X_1}\Big|_{X=X^0} & \dfrac{\partial f_n(X)}{\partial X_2}\Big|_{X=X^0} & \cdots & \dfrac{\partial f_n(X)}{\partial X_t}\Big|_{X=X^0} \end{bmatrix}$ （7-5-6）

式中：
$$\hat{x} = \hat{X} - X^0 \qquad l = L - f(X^0) \tag{7-5-7}$$
则式(7-5-5)可写为如下形式
$$V = B\hat{x} - l \tag{7-5-8}$$
式(7-5-8)就是我们熟悉的间接平差的误差方程。

由间接平差知，根据最小二乘原理可解得
$$\hat{x} = (B^T P B)^{-1} B^T P l \tag{7-5-9}$$
于是参数 X 的非线性平差结果为
$$\hat{X} = X^0 + \hat{x} \tag{7-5-10}$$

2. 非线性最小二乘平差的迭代解──高斯-牛顿法

当非线性模型的非线性强度很强时，线性近似可能产生大于观测误差的模型误差，所以对于非线性模型，一般采用迭代的方法求解。

求解非线性误差方程式(7-5-3)的最小二乘平差值，就是求参数 $\tilde{X}$ 的估值 $\hat{X}$，使
$$V^T P V(\hat{X}) = (f(\hat{X}) - L)^T P(f(\hat{X}) - L) \tag{7-5-11}$$
$$= f^T(\hat{X}) P f(\hat{X}) - 2 f^T(\hat{X}) P L + L^T P L = \min$$
由于 $L^T P L$ 是一常量，所以式(7-5-11)等价于目标函数为
$$R(\hat{X}) = f^T(\hat{X}) P f(\hat{X}) - 2 f^T(\hat{X}) P L = \min \tag{7-5-12}$$
的非线性无约束最优化问题。

因为 $f(\hat{X})$ 是 $\hat{X}$ 的非线性函数，所以对式(7-5-12)求一阶偏导数，并令其为零，得不到 $\hat{X}$ 的显表达式。故求不出 $\hat{X}$ 的解析解。因此，我们只能设法寻找某一近似解 X^*，使
$$R(X^*) \leqslant R(\hat{X}) \tag{7-5-13}$$
成立。寻找使式(7-5-13)成立的近似解 X^*，一般只有采用迭代的方法。常

用的迭代方法主要有牛顿法、信赖域法、拟牛顿法和高斯-牛顿法,前面三种方法都是求目标函数 $R(X^*)=\min$ 的非线性最优化算法。而高斯-牛顿法则不同,几乎和我们已经掌握的平差方法相同。

高斯-牛顿法的基本出发点就是在初值 $X^{(0)}$ 处对非线性模型进行线性近似。并按传统的平差方法求出一次近似值 $X^{(1)}$,然后反复迭代,直至前后两次 $V^\mathrm{T}PV$ 的值相等,即 $(V^\mathrm{T}PV)^{(k)}=(V^\mathrm{T}PV)^{(k+1)}$。迭代步骤如下:假设非线性模型式(7-5-2)存在一阶连续偏导数,且参数 X 之间相互独立,则在近似值 $X^{(0)}$ 处线性化,得误差方程

$$V = B(X^{(0)})\hat{x} - (L - f(X^{(0)})) \tag{7-5-14}$$

式中: $B(X^{(0)})$ 为用 $X^{(0)}$ 按式(7-5-6)算得的误差方程。

附录　关键词与常用专业词汇英汉对照

（按照汉语首字符拼音发音顺序排列）

B

标准化残差	standardized residual
备选假设	alternative hypothesis
标准正态分布	standard normal distribution
病态方程	morbid equation
半参数回归	semi-parametic rregression
补偿最小二乘原理	penalized least squares technique
闭合差	misclosure
变形分析	deformation analysis

C

粗差探测	blunder(gross) detection
残差平方和	residual sum of squares
参数显著性检验	significance tests of parameters
粗差探测，定位和剔除	Fault Detection, Identification and Isolation (FDI)
尺度因子	Scale Factor

D

动态测量系统得卡尔曼滤波	Kalman Filtering of Dynamic Surveying system
动态噪声	dynamic noise
多余观测数	redundancy

多余观测分量	redundant observations
对角线元素	diagonal elements
对角矩阵	diagonal matrix
单位矢量	unit vector
多元线性回归模型	linear and multiple regression model
单位权方差	unit-weight standard error
典则参数	canonical parameter
独立观测	independent observations
单边检测	one-side test
单位矩阵	identity matrix
导线	transverse

E

二次无偏估计	minimum norm quadratic unbiased estimate (MINQUE)

F

方差分析法	variance analysis
方差-协方差阵	variance-covariance matrix
方差协方差传播率	propagation of variance and covariance
方差-协方差函数	variance-covariance function
方差-协方差分量的验后估计	a posterior estimation of variance-covariance components
法方程	normal equation
分块迭代法	iteration method in blocks
复共线关系	multicollinearity
非奇异阵	non-singular matrix
非线性模型	non-linear model
非线性模型平差原理	adjustment based on non-linear model
非线性最小二乘估计	nonlinear least squares estimation
非参数回归	nonparametric regression

| 附有限制条件的间接平差函数模型 | functional model of indirect observations with constraints |

G

观测误差	observation error
观测方程	observation equation
广义传播律	general error propagation
广义岭估计	generalized ridge estimation
广义最小二乘平差	generalized least squares adjustment
广义逆	generalize reverse
高斯-牛顿法	Gauss-Newton Method
概率密度函数	Probability Density Function (PDF)
高斯-马尔可夫模型	Gauss-Markov Model
高斯白噪声	Gaussian White Noise

H

| 回归平方和函数模型 | functional model |
| 赫尔墨特方差分量估计 | Helment's Estimation of Variance-Covariance Components |

J

接受域	acceptation region
假设检验	test of Hypotheses
拒绝域	rejection region
检验功效	the power of a statistical hypothesis testing
精度指标	precision index
精确度	accuracy
静态逐次滤波	sequential static filtering
均方误差	mean Squared Errors
间接平差	indirect adjustment
经典平差	classical adjustment

极大似然估计	maximum likelihood estimation
极大验后估计	maximum posterior estimation
间接平差函数模型	functional model of indirect observations
基准	datum
基准转换	datum transformation

K

可靠性指标	reliability index
可靠性矩阵	
卡尔曼滤波	Kalman Filtering
χ^2 分布	Chi-Squared Distribution

L

岭估计	ridge estimation
岭参数	ridge parameter
离散系统的卡尔曼滤波	Discrete Kalman Filtering
临界值	critical value

M

模型阶数	order of functional model
目标函数	objective function
模型误差	model error
M 估计	M estimation

N

内部可靠性	internal reliability
纳伪概率	probability of type II error
拟合直线	fitted line
拟稳平差	quasi-stable adjustment

O

偶然误差　　　　　　　　　　random error

P

平差准则　　　　　　　　　　adjustment criterion
平差参数　　　　　　　　　　adjustment parameters
平差模型　　　　　　　　　　adjustment model
平差系统　　　　　　　　　　adjustment system
偏差　　　　　　　　　　　　deviation
偏参数　　　　　　　　　　　bias parameter
谱修正迭代法　　　　　　　　eigenvalue correction by Iteration method
（矩阵的）谱分解　　　　　　eigen decomposition
平稳随机过程　　　　　　　　stationary stochastic process
平滑参数　　　　　　　　　　smoothing parameter
平均值　　　　　　　　　　　mean
平移参数　　　　　　　　　　shift parameter

Q

弃真错误　　　　　　　　　　type I error
区间估计　　　　　　　　　　interval estimation
奇异值分解　　　　　　　　　singular value decomposition
奇异性　　　　　　　　　　　singularity
权矩阵　　　　　　　　　　　weight matrix
权函数　　　　　　　　　　　weight function

S

双尾检验法　　　　　　　　　two-sided test
随机变量　　　　　　　　　　random stochastic variable
随机向量　　　　　　　　　　stochastic vector
数学期望　　　　　　　　　　expectation
数学模型　　　　　　　　　　mathematic model
随机模型　　　　　　　　　　stochastic model

收敛	convergence
时间序列分析	time series analysis
设计矩阵	design matrix
随机模型的验后估计	a Posterior estimation of stochastic model
数据探测	data snooping
上限	upper limit
水准网	leveling net

T

统计量	test statistic
统计相关	correlation
特征向量	eigenvector
特征值	eigenvalue
条件数	condition number

W

外部可靠性	external reliability
误差估计	error estimation
无偏估计	unbiased estimation
稳健估计	robust estimation
稳健估计的选权迭代法	weight selection by iteration
误差椭圆	error ellipse
伪逆	pseudo inverse

X

线性假设法	linear assumption
线性函数	linear function
线性回归模型	linear regression model
协因数	cofactor
协因数	propagation of cofactor
限制条件	constraint
先验统计性质	aprior statistic property

系统噪声	system noise
系统误差	systematic error
相对误差椭圆	relative error ellipse
信号	signal
相关观测	dependent observations
相关系数	correlation coefficient
相似变化	similarity transformation
相对误差椭圆	relative error ellipse
显著性水平	significance level
下限	lower limit
学生分布	student distribution
旋转参数	rotation paramenter

Y

原假设	null hypothesis
影响函数	influence function
一元回归方程	simple linear regression function
预报值	predictor
预测区间	predicted interval
有偏估计	biased Estimation

Z

坐标系统	coordinate system
总偏差平方和	sum of squared offsets
增广矩阵	augmentation matrix
整体平差	batch adjustment
坐标转换	coordinated trasformation
最小二乘估计	least square estimation
秩亏	rank-deficiency
主成分估计	principal component estimation
正态分布	normal distribution
指数分布	exponential distribution
中位绝对差	median absolute deviation

最优估计	optimal estimator
最优二次无偏估计	best quadratic unbiased estimate (BQUE)
最小二乘滤波	least squares filtering
最小二乘推估	least squares prediction
最小二乘配置	least squares collocation
最小方差估计	minimum variance estimation
最小范数逆	minimum-norm inverse
最小范解	minimum-norm solution
噪声	noise
增益矩阵	kalman gain matrix
转移矩阵	transition matrix
状态方程	state equation
状态向量	state vector
自然样条函数	natural cubic spline
自由网平差	free network adjustment
秩亏自由网平差	adjustment of rank-deficiency free network
正规化矩阵	regularizer matrix
自然样条函数	natural cubic spline
自由度	degree of freedom
逐次平差	sequential adjustment
中误差	standard deviation
置信度	confidence level
置信区间	confidence interval (CI)
质量控制	quality control

参 考 文 献

（以引文先后为序）

[1] 武汉大学测绘学院测量平差学科组. 误差理论与测量平差基础[M]. 武汉:武汉大学出版社,2003.

[2] 王新洲,陶本藻,邱卫宁,姚宜斌. 高等测量平差[M]. 北京:测绘出版社,2006.

[3] 崔希璋,於宗俦,陶本藻,刘大杰. 广义测量平差[M]. 武汉:武汉测绘科技大学出版社,2000.

[4] 武汉大学测绘学院测量平差学科组. 测量平差基础(第三版)[M]. 北京:测绘出版社,1995.

[5] 於宗俦,鲁林成. 测量平差基础原理[M]. 武汉:武汉测绘科技大学出版社,1990.

[6] C. Rao R, Mitra S K. Generalized inverses of matrices and its applications[J]. John Wiley,1971.

[7] 陶本藻,刘大杰. 参数估计统一模型[J]. 武汉测绘科技大学学报,1990(4).

[8] 陶本藻. 自由网平差与变形分析[M]. 武汉:武汉测绘科技大学出版社,2001.

[9] 陶本藻. 测量数据处理的统计理论和方法[M]. 北京:测绘出版社,2007.

[10] 周江文. 监测网拟稳平差[J]. 武汉:中国科学院测量与地球研究所专刊第 2 号,1980.

[11] Moritz H. Least-Squares Kollokation[J]. DGR-A75. München,1973.

[12] Koch K R. Least Squares Adjustment and Collocation[J]. Bulletin Geodesique, 1977,51(2).

[13] H. Wolf. Kollokation mit Hillf des GouBschen[J]. Algorithmus,29V,1978.

[14] Barrda W. A Testing Procedure for Use in Geodetis Networks[J]. Neth. Geod. Comm. New Series2,5,Delf 1968.

[15] 李德仁. 误差处理和可靠性理论. [M]北京:测绘出版社,1988.

[16] 李庆海,陶本藻. 概率统计原理和在测量中的应用[M]. 北京:测绘出版社,1982(第二版,1992).

[17] Koch K R. Parameterschätzung und Hypothesentests in Linearen[J]. Modellen. Dümmler,1980.

[18] 刘大杰,陶本藻. 实用测量数据处理方法[M]. 北京:测绘出版社,2000.

[19] Van Huffel S,Vandewalle J. The Total Least Squares Problem, Computational Aspects and Analysis, Math, SIAM[J]. Philadelphia, 1991.

[20] 俞锦成. 关于整体最小二乘问题的可解性[J]. 南京师范大学学报(自然科学版),1996,19(1):13-16.

[21] P. J. Green and B. W. Silverman. Nonparametric Regression and Generalized Linear Models. CHAPMAN & Hall,London,1994.

[22] Jeffrey A. Fssler. Nonparametric Fixed-Interval Smoothing with Vector Spline[J]. IEEE,Trans. 39(4).

[23] P. J Huber. Robust estimation of a location[J]. Am,Math. Statist,1964.

[24] 周江文,黄幼才,杨元喜,欧吉坤. 抗差二乘法[M]. 武汉:华中理工大学出版社,1995.

[25] 刘经南,姚宜斌,施闯. 基于等价方差—协方差的稳健最小二乘估计理论研究[J]. 测绘科学,2000(3):1-6.

[26] 姚宜斌,刘经南,施闯. 相关稳健估计及其在测量数据处理中的应用[J]. 测绘信息工程,2001(3).

[27] W. Welsch. A Posteriopi Varianzschatzung nach Helmert[J]. AVN,1978,85(2).

[28] 王新洲. 稳健二次估计理论及其在GPS随机模型估计中的应用[D]. 武汉测绘科技大学(现武汉大学)博士论文,1994.

[29] 王松桂. 线性模型的理论及其应用[M]. 合肥:安徽教育出版社,1987.

[30] 黄维彬. 近代平差理论及其应用[M]. 北京:解放军出版社,1990.

[31] 方开泰,全辉,陈庆云. 实用回归分析[M]. 北京:科学出版社,1988.

[32] 游扬声,王新洲,刘星. 广义岭估计的直接解法[J]. 武汉大学学报(信息科学版),2002(2).

[33] 陈希孺,王松桂. 近代回归分析[M]. 合肥:安徽教育出版社,1987.

[34] 王新洲. 非线性模型参数估计理论与应用[M]. 武汉:武汉大学出版社,2002.